U0446886

未读 | 探索家

UNREAD

如何正确纪念你的猫

WOULD YOU EAT YOUR CAT?

考验道德的20个伦理难题

[英]杰里米·斯特朗姆 — 著
王岑卉 — 译

JEREMY
STANGROOM

北京联合出版公司
Beijing United Publishing Co.,Ltd.

目录

3

罪责、惩罚与社会 33

阐明个人责任、罪责与惩罚、社会与民众等问题的思维实验

序言

发生这件事的时候，你已经享受了十四年幸福的婚姻生活——你迷上了在脸书网遇到的某个年轻性感的尤物。好吧，至少你以为自己遇到的是个尤物。你兴冲冲地跑去见网友，却发现你的约会对象竟然是个来自威根小镇的相貌平平的卡车司机。

你大受打击，跑回了家，却发现你的另一半翻看了你的电子邮件。幸运的是，电子邮件里没有什么足以成为“罪证”的内容；不幸的是，你现在备受良心的折磨，你的另一半也开始疑神疑鬼。你应该坦白一切吗？

以上问题和本书提到的其他道德困境的有趣之处在于，我们选择的处理方式体现了我们的道德观。

功利主义

例如，也许你会认为，问题的关键在于向配偶坦白能不能让世界变成更幸福的地方。如果能，那你的道德观就是功利主义的。具体说来，根据功利主义，行为的道德价值取决于它如何促成所有人的幸福与不幸的平衡。

这听起来可能有点儿复杂，但可以用一句话来概括：“最多数人的最大幸福。”因此，如果向配偶坦白能比不坦白带来更多总体幸福（或者称为福祉），那么坦白就是正确的做法。

功利主义源于十八世纪哲学家杰里米·边沁的著作。边沁指出，人们往往会采取对自己有利的行为，这主要包括追求快乐和尽可能减少痛苦。因此，个人幸福在于确保自己的快乐大于痛苦。这就意味着，为了使人类的总体幸福最大化，你必须尽可能让最多数的人在快乐和痛苦之间取得最好的平衡。这就是边沁提出的“最大幸福”原则。因此，在判断该如何采取行动时，我们必须：

> 将所有快乐的数值相加，同时也将所有痛苦的数值相加。如果快乐大于痛苦，那么行为总体上就具有好的趋势……

功利主义关注行为的效果，意味着它是一种后果论理论——某种行为的价值取决于它造成的后果。

道义论

尽管后果论在道德哲学领域有很大的影响力，但它并不是解决道德问题的唯一方法。例如，你可能会认为，无论后果如何，就私会卡车司机一事向配偶撒谎都是错的。撒谎本身就是错的。如果你是这么想的，那你很可能会认同道义论伦理观。

与各种后果论观点相反，道义论认为，行为正当与否并不取决于后果，而是取决于是否符合道德规范。换句话说，道义论认为行为从本质上说有善恶之分，无论后果如何；道德主体有义务去做正确的事，即使这么做要付出代价，会造成可怕的后果。

德国哲学家伊曼努尔·康德也许是拥护道义论的哲学家中最重

要的一个。在他看来，判断行为是否符合道义，不在于评估其后果，而在于它是否尊重道德律。道德律以绝对的形式出现："这样做"或"不要这样做"。因此，如果像康德认为的那样，撒谎或欺骗是道德律明令禁止的行为，那么不坦白就是错的，即使坦白会带来灾难性的后果。

德性伦理学

思考道德问题的第三种方式是强调对品格或美德的培养。德性伦理学根植于古希腊哲学，尤其是亚里士多德的思想。亚里士多德认为，德性在于依照理性行事，始终在"过"与"不及"这两个极端之间选择中间点。他据此认定的美德包括正义、坚毅、勇敢、节制和审慎。

德性论并不像其他道德框架那样提供行为规范，但能告诉我们该采取什么样的行为方式。人应该以最可能有助于培养良好品格的方式行事。如果你在见网友这一件事上欺骗了配偶，德性伦理学家不一定会认为你品行不端；但如果你在一系列问题上连续欺骗配偶，那么亚里士多德和其他德性伦理学家都会认为你的做法不道德。

本书提出的道德难题和两难困境并没有简单的答案。从某种意义上说，这才是重点。通过提出难解的问题，本书可以促使我们反思自己如何思考道德伦理问题。在阅读本书的过程中，你会加深对哲学、伦理学、自己的哲学世界观乃至对自己的认识。毫无疑问，你有时候会火冒三丈，也会对他人的做法"哀其不幸，怒其不争"，但最重要的是，我希望你能享受这段阅读之旅，并在阅读过程中得到启发。

阅读指南

本书涵盖了20个道德难题，旨在阐明道德哲学中的各类问题，同时让你认清自己的道德义务。本书前半部分提出的每个难题，都与特定的道德问题相关，你可以试着作答。后半部分对每个难题进行分析，介绍问题的哲学背景、可能的解决方案及其背后隐含的意义。

阅读本书的最佳方式是按照顺序，一题接着一题来。先看一道题，思考它涉及的道德问题，试着作答，然后翻到书的后半部分，将你的回答与题目引申出的哲学伦理观作对照。你会发现，每一题都附有“道德晴雨表”，你将从中了解到你的回答所反映的个人道德框架。

1

道德僵局

难倒众多伟大哲学家的道德难题

- 如何正确纪念你的猫？
- 看前女友的照片有错吗？
- 性别歧视比厌恶所有人好吗？
- 不存在比存在更可取吗？
- 你会为希特勒的存在感到遗憾吗？
- 我们应该牺牲一个人去救五个人吗？

我们倾向于认为，道德问题应该有清晰明确的答案。我们也许能接受“不同的人会给出不同的答案”这个说法，但很多人一想到“有些道德问题根本没有明确的答案”，就会感到不安。

在正常情况下，这种事并不会发生。例如，我们可能对“堕胎是否道德”持不同意见，但至少每个人都知道该怎么分析这件事。可是，有些道德难题我们甚至不知该从何入手。我们越探究它们背后的各种复杂因素，就越无法坚持自己的道德直觉，越困惑不已。

欢迎来到拿宠物当晚餐、火车失控和想毁灭世界的煽动政治家的世界！

如何正确纪念你的猫？

克莱奥·帕特里克和爱猫赫克托关系密切。她告诉朋友，自己和赫克托的关系更像是姐弟俩，而不是主人和宠物。赫克托与克莱奥形影不离，总是同进同出。克莱奥每周去超市买猫咪最爱吃的美食时，赫克托都会蹲在购物车里。她们会一起看美剧《新飞越情海》（*Melrose Place*）的午后重播，克莱奥享用薄荷巧克力，赫克托则开心地大嚼金枪鱼三明治。到了晚上，赫克托会蜷缩在床脚，克莱奥则念书给它听——也许是阿加莎·克里斯蒂的小说，也许是《猫头鹰与猫咪》（*The Owl and the Pussycat*）的选段。

不幸的是，赫克托的视力不好。有一天，它把割草机错看成老鼠，不幸一命呜呼。它的离去让克莱奥大受打击。不过，她早就知道这一天会到来，因此多年前就向自己许下诺言：为了悼念赫克托，她会把它当晚餐吃掉。克莱奥觉得这么做再恰当不过了——赫

克托即使死去，也能与她合为一体。此外，她听说猫肉非常美味，所以她觉得赫克托也会感到欣慰，能满足她在这件事上的好奇心。

于是，在赫克托去世当晚，克莱奥用一杯基安蒂酒配餐，坐下来享用了吐司夹猫咪。后来，克莱奥活到了很大年纪。她从没有后悔“吃掉赫克托”这个决定，从来没有因此受到不良影响，也没有把这件事告诉过别人。

克莱奥把爱猫当作睡前点心吃掉了，

这是纪念它的正确方式吗？

（答案请见第54页）

看前女友的照片有错吗？

维纳斯·提香十八岁的时候，允许当时的男友米洛·鲁本给自己拍了个人照。她做出这个决定时并没有受到胁迫，而且那些照片也并不色情，更像是艺术照。几年后，维纳斯和米洛分手了，米洛提出销毁那些照片。维纳斯说，她愿意让他保留照片，条件是绝不展示给别人看，米洛同意了。两人就此分手。

二十年后，维纳斯已经小有名气，即将参加一档追绵羊的真人秀节目——《我是明星牧羊人》。米洛仍然持有前女友年轻时的个人照，但他开始担心看这些照片可能不道德。他绝不会向别人展示这些照片，也没有特殊的理由认为出了名的维纳斯会反对（不过，考虑到名人的公众形象，米洛知道这是有可能的）。尽管如此，米洛还是不知道该不该销毁照片。他忍不住想，四十多岁的男人看二十年前拍摄的十八岁前女友的个人照，可能是不道德的。

米洛看这些照片有错吗？

（答案请见第57页）

难题速答

两名水手遇到船难，掉进大海，不得不拼命游泳逃生。他们发现了一块木板，同时朝它游了过去。不幸的是，木板只能承受一个人的重量。水手A先游到了木板旁边。这意味着水手B注定会淹死。不过，水手B并没有相信命中注定，而是将水手A推下木板，然后迅速划水离开。结果，淹死的是水手A，而水手B最终得救了。但毫无疑问，如果他不把水手A推下木板，他自己肯定会淹死。在随后的谋杀案审判中，水手B能否声称自己当时是自卫?

难题速答

你是曼彻斯特城足球队的狂热球迷，对同城的老对头曼彻斯特联足球队恨之入骨。在欧洲冠军联赛中，曼联队输给了巴塞罗那队，你看到曼联队球迷痛不欲生，不禁心中暗爽，可谓幸灾乐祸。但很快你就意识到自己的反应有些奇怪。曼联队球迷的痛苦万状让你很开心，但除了他们支持的球队恰好是你支持球队的老对头，他们并没有做错任何事，本不应该如此痛苦。怎么能为你的反应找出正当理由呢?

性别歧视比厌恶所有人好吗？

阳光灿烂的埃林斯福德镇坐落在亨伯赛德河畔，哈罗德·卡彭特和卢·毕晓普是镇上的一对邻居。不幸的是，哈罗德的个性并不像自己的家乡那么阳光。他非常讨厌人类。他没有朋友，从不掩饰对遇见的每个人的蔑视。他秉持公平地讨厌每个人——不论男人、女人，异性恋、同性恋，黑人、白人，还是单腿人士。值得称道的是，他意识到厌恶人类是个问题，所以他尽可能不与别人来往。不过，他无疑是世界上的一个消极因素，对全人类幸福感的总和有减无增。

卢则是与哈罗德截然不同的另一种人。他喜欢大多数人，以友善的态度对待他遇见的每个人，甚至将邻居视为好朋友。不过，他是个冥顽不化的大男子主义者，深信男人的智商高于女人，认为女性这种“次等性别”只适合做家庭主妇。他根本应付不来“现代”女性。在他看来，女人应该尽可能远离“男人做的事”，例如赚钱和打高尔夫。卢意识到性别歧视会引起全社会的不满，因此尽可能避免接触现代女性。不过，在跟女人打交道的时候，他绝对也是个消极因素，对全人类幸福感的总和有减无增。

下面是更多关于哈罗德和卢的事实：

1. 哈罗德对“现代”女性的态度比卢对她们的态度更差。这不是因为哈罗德歧视女性（他并不歧视女性），而是因为他不喜欢所有人。
2. 卢对所有人的态度要比哈罗德对所有人的态度好。
3. 哈罗德并不像卢那么歧视女性。如果某位女性是某个职位最适合的人选，哈罗德会选择雇用她，卢则不会。

哈罗德对人类的厌恶和卢的性别歧视，哪个更糟糕？

（答案请见第60页）

不存在比存在更可取吗？

罗杰·道尔顿是一名新时代特工，他完整地接受过格式塔疗法、心理咨询和神经语言编程方面的教育。他用谈话而非杀人的方式对待敌人，以便证明他们的做法是错误的。事实证明，这个选择可能大有问题。邪恶的天才通常都冥顽不化，坚信自己的邪恶行径是正当的。

让道尔顿觉得最棘手的是绰号“金牙”的约翰·边沁。金牙似乎相信自己“蒸发全世界”的计划是符合道义的。具体论证如下：

我们有极大的道义责任尽可能减少痛苦。这比尽可能增加幸福感更重要。不幸的是，世界上大多数人常常受苦。死亡、疾病、饥饿和痛苦一直与我们相伴。我们做得并不差，尚且无法摆脱受苦，其他人则更没有那么幸运。人生就像一条流淌着泪水的溪谷，盛满了我们的叹息、哀悼和哭泣。

与此相反，“不存在”的状态则完全没有问题。没有人出生前就在受苦，为“自己出生之前尚不存在”感到困扰的人数量更是少之又少。

由此可见，如果想尽可能减少痛苦，不存在比存在更可取。如果没有人存在，那就没有受苦。因此，至少金牙辩解说，消灭全人类是一种道义要求，蒸发全世界是一种道义责任。

罗杰·道尔顿不愿承认这个说法有任何意义，但又说不清到底哪里出了问题。他意识到，如果金牙实现了蒸发全世界的企图，那么人们就再也没有美妙夜晚可过。但他不确定这个理由能使自己说服金牙放弃这个卑鄙的计划。道尔顿还不清楚该怎样反驳金牙的论点。

金牙关于毁灭世界的说法正确吗？

（答案请见第63页）

你会为希特勒的存在感到遗憾吗?

克莱尔·亨利是一位职业时间旅行者的妻子。据她所知，她丈夫并不太擅长这份工作。通常来说，他会跳进时间机器，消失不见，几秒钟后重新现身，往往是浑身赤裸，嘴里还嘟囔着“魔法术士”什么的。

克莱尔确信丈夫应该在时间旅行的冒险中展现出更大的野心。显然，他需要条理和计划。因此，她无视科幻小说中关于危险的陈词滥调，建议丈夫回到过去杀死希特勒。

她丈夫对这个计划并没有什么热情。虽然他很想跟妻子聊一聊打破时空连续统一体的危险性，但最后还是采取了另一种做法。

时间旅行者：亲爱的，你不会因为希特勒活过而感到遗憾吧?

克莱尔：你这话是什么意思?希特勒是个禽兽!我当然会为他活过感到遗憾!

时间旅行者：是的，但如果他没活过，你父母就不会在空袭中相遇，你就不会出生。你为自己的存在感到遗憾吗?如果不是的话，就没有理由说你对希特勒活过而感到遗憾。

克莱尔：先生，你是不是跟那些术士混得太久了?我告诉你，我为希特勒的存在感到遗憾。我为所有因他而成为受害者的人感到遗憾。

时间旅行者：是啊，但“为人们感到遗憾，同情他们受的苦”与“为某件事发生感到遗憾”之间是有区别的。你计划让我回到过去杀死希特勒。我举关于你的例子是为了告诉你，你虽然嘴上是这么说的，但心里并不是这么想的。你并不为自己的出生感到遗憾，这就意味着，即使你同情希特勒的受害者，也不会为希特勒活过而感到遗憾。

克莱尔：但这不会让我显得很不道德吗？当然，我们在道义上应该为希特勒存在带来的可怕后果感到遗憾，不是吗？

时间旅行者：好吧，看来我们陷入了道德悖论了。这让我想起了一件事：我有没有告诉过你，有一次我掉进了虫洞……

克莱尔：你说过了好几遍，亲爱的。你跟那些术士约了什么时候见面？

时间旅行者说得对吗？

如果你存在的前提是发生某种灾难，而你不为自己的存在感到遗憾，这是否意味着你不为发生的灾难感到遗憾？

（答案请见第66页）

我们应该牺牲一个人去救五个人吗？

出色的火车司机佩西·布恩斯陷入了两难困境。他刚刚被告知，自己驾驶的“敏捷的公牛号”列车存在设计故障：如果在抵达下一站前列车时速降到五十英里（1英里≈1.6千米）以下，列车就会发生爆炸，车内五百名乘客都会一命呜呼。这就已经够糟糕了，但他还被告知，通往下一站的铁轨上绑着五个人。好消息是，佩西可以按下按钮，暂时让列车驶入岔道。这么一来，列车驶过时就不会伤及绑在铁轨上的五个人。坏消息是，如果他这么做，列车将碾过另外一个人。那个人参加单身汉派对，被人搞了恶作剧，用强力胶粘在了岔道的铁轨上。

如果佩西按下按钮，粘在岔道铁轨上的人就会一命呜呼；如果他不按下按钮，绑在列车前方轨道上的五个人就会丧命。无论他选择怎么做，都必定造成伤亡。

佩西应该按下按钮吗？

（答案请见第69页）

难题速答

公元2150年，人类对环境的破坏已经让地球满目疮痍。由于大气层中弥漫着有害气体，很多人一生下来就有可怕的生理缺陷，人生痛苦而短暂。但是，如果地球没有被一步步破坏，这些人就根本不会出生（因为过去和现在的情况截然不同）。他们是否有资格抱怨地球遭到的破坏（考虑到这是他们出生的前提条件）？

难题速答

你是一位世界顶尖的古董玻璃天鹅专家。在滨海小镇莫克姆度假的时候，你在一家旧货店发现了一只拿破仑时期的玻璃天鹅，虽然极为珍贵，可售价仅为4.37英镑。你冲向柜台去付钱，却发现店主看起来很像你妈妈，这突然让你感到良心不安。“利用这个女人的信息匮乏大赚一笔，剥夺她在拍卖会上赚得巨款的机会”，怎么可以这样做呢？这难道不是以下例子的合法版本吗：偷走某人家里埋藏的一万英镑，并表示“他们根本不知道藏了钱”……

2

权利与责任

我们可以随心所欲到何种地步？

· 应该立法禁止登山吗？　· 应该在醉酒后做决定吗？

· 感冒后应该乘坐公交车吗？　· 身体究竟属于谁？

从人们学会辩论的那一天起，“人身自由的适当限制”就一直饱受争议，直到今天仍然甚嚣尘上。

我们可以随便批评别人的神圣信仰吗？协助自杀是否合法？我们可以随意观看施虐受虐行为的照片吗？应该允许开车时使用手机吗？

上述话题近期都登上过新闻头条。但关于该如何看待这些问题，我们尚未达成共识。部分原因在于，人们有不同的政治背景和道德传统。例如，对于协助自杀这个问题，自由主义者的看法就不会跟保守主义者一样。还有部分原因在于，思考“人身自由的适当限制”会涉及真实而深刻的复杂道德问题。本章展示的各种情境将充分说明这种复杂性。

应该立法禁止登山吗?

警察：对不起，先生，你不能上山！

登山者：你这话是什么意思？我想登本尼维斯山[1]！

警察：这么做太危险了。

登山者：太危险？

警察：是的，先生。每年都有人在登山时丧生，这不安全。

登山者：但你不能只因为危险就阻止人们登山，这太荒唐了！

警察：这一点儿也不荒唐。就拿处方药为例，你不能在药店里直接买处方药，对吧？理由很充分——它们不安全。你可能会服药过量、药物上瘾或者自行用药。为了确保公众安全，我们限制药物的获取。本尼维斯山也是一样。如果你没有通行证，就不能上山。

登山者：要不要拿自己的性命冒险，这完全取决于自己，不是吗？

警察：不完全是，先生。我们不会放任你自杀，对吧？你知道吗，如果有两位医生都诊断你患有精神疾病，认为你对自己造成危险，我们可以把你关起来。

登山者：得了吧！那是极端情况。一般来说，我们可以拿自己的性命冒点儿险。

警察：我再说一遍，先生，不完全是这样。你可以想一想毒品。毒品之所以是非法的，部分原因在于它们会对使用者造成

1　本尼维斯山是英国最高的山。

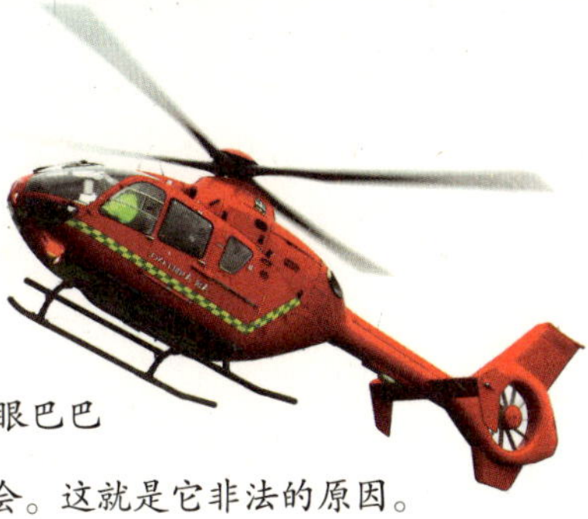

危险。例如，海洛因就会带来使用过量和上瘾导致死亡的风险。你愿意一辈子都眼巴巴地盼着下一管针剂吗？当然不会。这就是它非法的原因。

登山者：这当然不是毒品是非法的唯一原因！吸毒会带来社会成本。这是毒品非法的很大一部分原因。

警察：登本尼维斯山也会带来社会成本。你知不知道，我们经常要呼叫山地救援队，帮助受困滞留的登山者下山？

登山者：呃，那走钢丝怎么说呢？还有曼岛TT摩托车大赛[1]？它们也该被禁止吗？

警察：很有可能，先生。

登山者：好吧，那么开车呢？在英国，每年都有三千多人死于车祸，带来巨大的社会成本，那你也要禁止开车吗？

警察：先生，你竟然知道每年有多少人死于车祸，我既惊讶又困惑。至于你的问题，就留给比我聪明的人来解答吧。

警察的说法正确吗？

该不该颁布法令禁止人们做危险的事，例如登山？

（答案请见第71页）

1　曼岛TT摩托车大赛，号称世界上离死亡最近的摩托车竞速比赛。从1907年创办起，已有二百多人在赛道上丧生。

应该在醉酒后做决定吗？

狄多和埃涅阿斯分别是迦太基大学哲学和畜牧专业的大一新生。两人刚进大学就坠入了爱河，但由于他们对爱情的态度有些保守，目前还没有什么进一步发展。不过，某天晚上在学生宿舍旁的柏树下开怀畅饮后，两人纯洁的关系变得有些岌岌可危。

埃涅阿斯：亲爱的，你的金发比最璀璨的日落还耀眼，你的美要比……

狄多：啊，埃涅阿斯，你要做什么？

埃涅阿斯：呃，我觉得是时候用更实际的方式表达我们的爱了——灵与肉的结合。

狄多：你想跟我亲热吗？

埃涅阿斯：差不多吧，是的。

狄多：我有点儿心动，但结果可能会很糟。就我所知，你之后可能会逃去意大利……

埃涅阿斯：不会的，我的爱。我属于你，直到爱神夺走我的这份爱。

狄多：我对此表示怀疑，埃涅阿斯。不过话说回来，还有另外一个问题：我们喝了酒，没法确定是不是真的想亲热。我们可能是在占对方的便宜……

埃涅阿斯：得了吧，狄多，“自愿同意”的标准可没那么高。人们常常为发生关系而后悔。明天我们可能会希望我俩今天没亲热，但那并不意味着我们此时此刻不想。

狄多：伟大的哲学家康德说过，仅仅把人当作实现目的的手段是不道德的。如果我们不在乎自己将来的感受，就是纯粹将对方视为满足性欲的工具。重点在于，喝酒会影响我们的判断力，导致我们难以判断对发生关系的真实感受。

埃涅阿斯：但很多东西都会影响我们的判断力。也许我们很寂寞，也许我们很久没跟人亲热过了，也许我们觉得自己没人爱，也许我们渴望建立有意义的亲密关系。我们俩都没有喝糊涂，也没有失去意识。如果人们仅仅因为没法确定第二天早上会不会后悔，就不跟人亲热，那很多人一辈子都体验不到这种乐趣……

狄多：反正我们也没做好准备！好了，别说话了，再吃颗椰枣吧……

狄多建议人们不该酒后乱性（即使没喝多少酒），因为那时没法确定自己是“自愿同意”，还是酒后冲动。这个说法正确吗？

（答案请见第74页）

难题速答

你是一名政客，正在游说议会通过一项法律——将男人与醉酒的女人发生关系（因为她无法“自愿同意”）定为非法。不过，你遇上了一个难题，导致你很难为新法律辩护。如果说醉酒的女人无法自愿发生关系，那么不知道为什么还指望让醉酒的男人来判断对方是否真的自愿。如果说喝酒能让人失去“自愿同意”的能力，为什么它不能让人失去判断是否自愿的能力呢？如果是这样，为什么滴酒不沾并确保“真的自愿”的责任只能由男人来承担呢？

难题速答

诺埃尔·庞斯基是一名律师，正在处理一起罕见的案件。考古队发掘出了一些极具价值的文物，庞斯基的委托人是文物最初所有者唯一已知的后代。委托人声称，按理来说那些文物应该归她所有。问题在于，庞斯基无法确定哪些“权利”是正当的。他不清楚物品所有权应该延续几代人。说到底，为什么某人仅仅因为有个富裕的远亲（或者没那么远），就该继承一大笔财产呢？

感冒后应该乘坐公交车吗？

在早上6:50发车的联合特快公交车上，南希·哈兹勒在乘客中间引起了恐慌。她上车时身上绑着一只大箱子，箱子外面印着“危险——有毒物品”。南希解释说，箱子里装有一种缓释毒气，会对约5%的接触者造成影响。毒气的影响范围无法确定，但离得越近越容易受影响。它虽然会让人感觉不舒服，但很少会致人死亡。受害者可能需要休息几天才能恢复健康，但很快就会没事。

其他乘客听说这个消息后并不满意。他们表示，她最好立刻下车。南希提出反对，说自己需要去上班，这关乎很多人的生计，公交车是她唯一的通勤方式，而她又跟箱子绑在了一起，所以没法抛下箱子。此外，她坚持认为自己的做法与其他人带着感冒病毒乘坐公交车没有任何不同，她的做法没有任何不道德之处。

南希的说法正确吗？

应该允许南希乘坐公共交通吗？

（答案请见第77页）

身体究竟属于谁?

托马斯·贾维斯在寻欢作乐一夜后醒来，发现自己的处境相当奇怪。他莫名其妙地被手铐固定在了床上，床边有很多医生走来走去。他似乎与一位著名的职业足球运动员（兼时尚偶像）通过各类管线连在了一起。那位运动员坐在邻床上，向他挥手致意。

起初，托马斯以为自己酒精中毒了，但后来医生跟他说明了情况。他们解释说，这位足球运动员的官方粉丝俱乐部绑架了他，把他捆在了床上。原来，这位足球运动员患有一种罕见的疾病，如果不及时治疗就会有生命危险。好消息是，托马斯能够救他一命。托马斯只需要在床上躺九个月，跟那位足球运动员连在一起，他的免疫系统就能净化对方的血液。

托马斯听完这个消息一点儿也不开心。他反驳说，肯定有其他人能做到这一点。但他被告知，彻查病历的结果显示，只有他的血液与对方契合。

托马斯还是觉得不公平。但当他接着抱怨的时候，医生请来了自诩哲学家的伯尼·舒尔茨。舒尔茨解释说，足球运动员有活下去的权利，如果托马斯坚持要扯掉管线，就是宣判对方死刑。托马斯对足球或哲学家都没什么好感，所以不确定这是不是好主意，但他感到十分困惑。

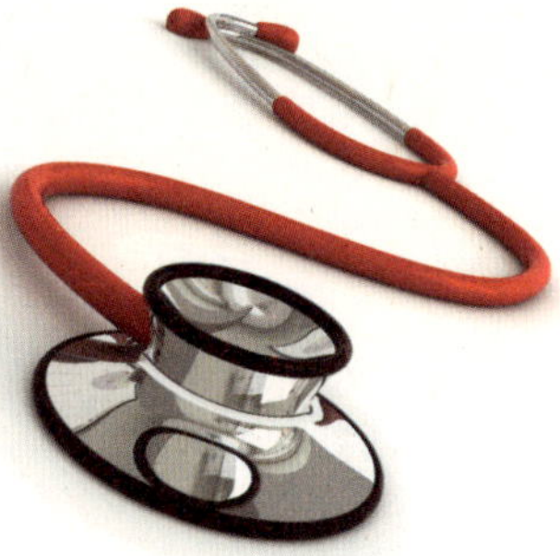

他是否有道义责任跟足球运动员连在一起九个月，只因为不这么做会导致足球运动员丧命？

（答案请见第79页）

3

罪责、惩罚与社会

阐明个人责任、罪责与惩罚、社会与民众等问题的思维实验

· 应该宽恕犯罪者吗？　· 应该惩罚无辜者吗？

· 你是负有道德罪责，还是纯属运气不佳？

· 恶人自卫有错吗？　· 对恶人动用酷刑是正当的吗？

· 较为恶劣的行径可能反而较为正当吗？　· 此事必将发生吗？

· 相貌不出众者应该受到优待吗？　· 你对气候变化负有道义责任吗？

· 反抗极恶一定是正确的吗？

哲学领域中最棘手的一些问题涉及道义责任、罪责与惩罚，这些问题与关于“自由意志”和“决定论”的争议密切相关。如果事实证明人们自行选择做坏事，那就很容易判断他们应该为自己的罪行负责。但如果他们的选择中，至少有一部分是由自己无法控制的因素决定的，那么就很难看出“自由意志”和“个人责任”与此有什么关系。

如果一个人是否犯罪很大程度上取决于运气，那么罪犯也许不该受到惩罚。但如果不惩罚任何人，整体犯罪率就可能上升。这反而会使我们认为，即使一个人不为自己的行为负责，也应该受到惩罚。

应该宽恕犯罪者吗？

伍里乌斯·利博拉利斯皇帝最近在意大利《卫报》上读到一篇文章，结果好几夜没睡好。据报道，最近新发现了一种无齿狮。对于患有恐猫症的罗马公民来说，这种狮子可谓完美的宠物。皇帝立刻意识到，它们还有另一种用途。为什么不在角斗场上使用无齿狮呢？作为一名出色的功利主义者，伍里乌斯能想到拿罪犯喂狮子的理由。这能起到显著的威慑作用，而且很多人都爱看大型猫科动物追逐卑劣的不法之徒。

这种事的合理之处在于，它能降低整体犯罪率，从而提升人民的幸福感。但这些新型的无齿狮似乎改变了衡量道德的天平。为什么不干脆假装处决罪犯呢？无齿狮“残忍”的攻击、几包血袋再加一点儿表演，事情就是这么简单——能够起到威慑作用，娱乐效果绝佳，而且没有人会丧命。

皇帝该不该将“性能安全”（即没有牙齿）的狮子引入角斗场？

（答案请见第82页）

应该惩罚无辜者吗？

不满情绪正在池边恰德雷镇上酝酿。近期发生的抢劫案使小镇失去了许多健壮的公牛，导致他们在县城集市的年度“最可能成功的公牛”比赛中的胜算大大降低。案件疑点重重，其他镇上已经发生了多起“义务警察”出动的事件。

镇上的霍斯探长知道谁该为这些盗窃案负责，可惜罪魁祸首已经逃去了南美洲。但在调查过程中，霍斯探长得知附近一家汤羹厂的老板坎贝尔先生有偷牛的前科。尽管坎贝尔与当前的抢劫案毫无关系，但霍斯探长知道，如果能在工厂里埋下罪证，就可以将坎贝尔定罪。

霍斯探长良心斗争了一番，最后还是前往坎贝尔的工厂，伪造了一串泥泞的牛蹄印。他的理由如下：真正的罪犯遥不可及，但如果坎贝尔被捕入狱，“义务警察”出动的情况就会结束。所以说，逮捕坎贝尔是件好事，因为它能给最多数人带来最大幸福。说到底，这就是简单的功利主义计算。

霍斯探长诬陷坎贝尔先生对不对？

（答案请见第85页）

你是负有道德罪责，还是纯属运气不佳？

大卫和约翰昨晚的经历惊人地相似。两人都在附近的酒吧泡了几个小时，喝了很多酒。两人都试着搭讪女孩，但都没成功。两人都在台球桌上炫耀自己的能耐，然后都输了。两人都向调酒师解释说，他们的不忠其实恰恰证明了对妻子的爱。不过，两人离开酒吧后的经历就截然不同了。

大卫和约翰分别钻进自己的车，朝家的方向驶去。尽管两人都喝得酩酊大醉，根本无法安全驾驶，但他们开车时并不鲁莽。他们注意不超速，在醉酒状态下尽可能地小心驾驶。但在半途中，两人都发生了意外。

大卫的故事

有个孩子突然跑到了他的车前面，大卫用力踩下刹车。幸运的是，那个男孩看见了车，赶紧跳到了路边。大卫深深吸了一口气，发誓以后再也不喝酒了，然后非常缓慢、非常小心地开车回了家。

约翰的故事

有个孩子突然跑到了他的车前面，约翰用力踩下刹车。不幸的是，男孩正在听iPod，没听见车声，结果被撞成重伤。约翰因酒驾被捕，面临长期监禁。

在这特别的一晚，大卫和约翰做了一样的事。两人都泡了酒吧，喝到大醉，酒后驾车。唯一的区别在于跑到约翰汽车前面的男孩戴着耳机，没听见有车驶近，因此没能及时跳开。结果，约翰现在面临牢狱之灾，大卫却没有。

只因为约翰撞了那个男孩，他就比大卫更该受到谴责吗？还是说，两人都应为自己的行为承担道德罪责？

（答案请见第88页）

恶人自卫有错吗？

“解放所有毛孩子”是一家激进的动物权利组织，致力于消除所有动物的痛苦，尤其是看起来特别可爱的动物。为了实现目标，该组织成员经常采取极端手段。看见一只小猎犬眼巴巴地盯着一包香烟，就足以让他们歇斯底里，最后不可避免地导致谋杀和骚乱。

在全国各地留下一连串死亡、破坏和“无家可归”的貂皮大衣后，“解放所有毛孩子”的成员如今被困在坦布里奇韦尔斯的一个大院里，被武装警察和一群饲养火鸡的愤怒农场主团团包围。

以下表述都是真实的：

1. “解放所有毛孩子”的成员以“保护动物权利”为名犯下了可怕的罪行（包括谋杀、拷打和绑架）。在这个思维实验的世界中，他们毫无疑问是恶人。
2. 他们不可能神不知鬼不觉地从大院中逃脱。
3. 如果他们被捕，肯定会被处决。
4. “解放所有毛孩子”的指挥架构、成员的精神动力和“如果被捕，将被处决”的必然性，意味着不可能通过谈判让他们投降。这次围捕必将以双方交火告终。

5. 如果在警方试图以武力终结围捕时，该组织成员选择自卫，那么任何一名成员都有极小的概率保住性命或免于被捕，活下去再多作一天恶。如果他们不自卫，就不可能保住性命（他们很可能会死于交火，但如果束手就擒，被捕后肯定会被处决）。

那么，问题是：

如果警方试图以武力结束围捕，
该组织成员选择自卫有错吗？

（答案请见第 91 页）

对恶人动用酷刑是正当的吗？

特工扎克·格洛尔遇上了麻烦。他的同事罗杰·道尔顿身为资深特工、情报界的和平主义者，不幸把任务搞砸了。他放任邪恶天才兼业余哲学家“金牙”约翰·边沁安装了一颗能够毁灭世界的炸弹。幸运的是，金牙目前被警方拘留了。不幸的是，他拒不交代炸弹的位置。

扎克·格洛尔确信以下都是事实：

1. 炸弹将在接下来的一天内爆炸（故事发展一向如此……）。
2. 如果炸弹爆炸，世界上所有人都会丧命。
3. 如果拆弹专家能在爆炸前找到炸弹，有可能将其拆除。
4. 金牙是个邪恶的天才，因此不可能骗他透露炸弹的位置，不可能指望他良心发现，也不可能说服他意识到安装炸弹是错的（道尔顿已经试过了，但没什么用）。
5. 金牙有可能不知道炸弹的位置。
6. 如果金牙受到严刑拷打，有可能会交代炸弹的位置（前提是他确实知道）。
7. 但严刑拷打金牙有可能也没用。要么是因为他不知道炸弹在哪里，要么是因为他不肯透露。
8. 如果金牙拒不交代，炸弹爆炸，所有人都会死。没有其他方法能找出炸弹的位置。

严刑拷打金牙，希望他透露炸弹的位置，

这么做是否正当？

（答案请见第94页）

较为恶劣的行径可能反而较为正当吗?

比尔和本是同卵双胞胎,但他们跟其他同卵双胞胎不一样。可能最奇怪的一点是,迄今为止他们一直过着完全相同的生活。另一件怪事是,两人的睾酮水平不同,因此脾气大相径庭。比尔脾气极为暴躁,而本即使受人挑衅也能尽量保持冷静。两人的特征如下:

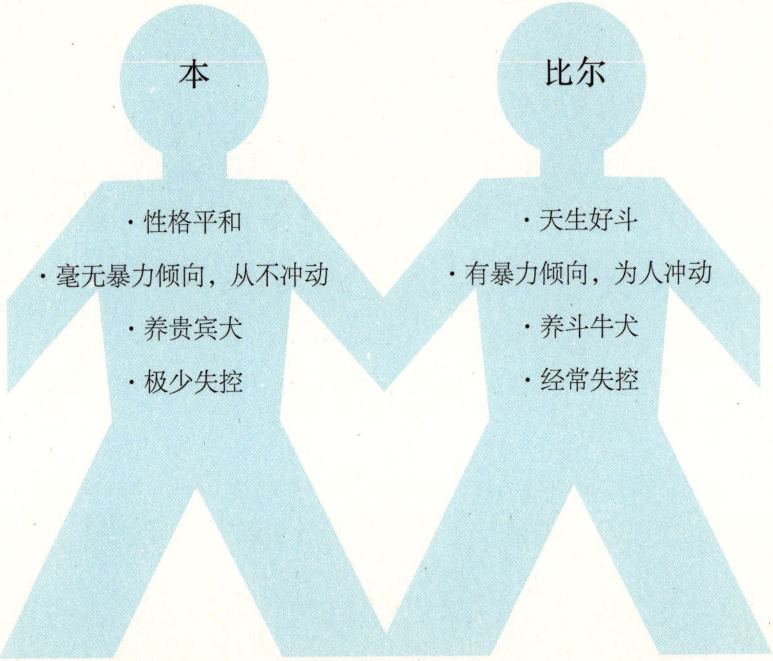
本
· 性格平和
· 毫无暴力倾向,从不冲动
· 养贵宾犬
· 极少失控
比尔
· 天生好斗
· 有暴力倾向,为人冲动
· 养斗牛犬
· 经常失控

不幸的是，两人在一家园艺中心与花盆推销员发生了激烈争执，本将推销员按倒在地，比尔对此人一顿拳打脚踢。这对双胞胎就这样惹上了官司。

让所有人大吃一惊的是，尽管比尔的所作所为更暴力，但性情温和的本被判处了两年徒刑，暴躁好斗的比尔则只被判了一年。对本来说，有个令人振奋的消息：你有机会推翻这一判决。唯一的问题在于，你的论点必须有正当合理的哲学基础。

比尔应该得到较轻的判罚吗？

如果答案是肯定的，又是为什么？

（答案请见第98页）

此事必将发生吗？

西部世界镇的法院正在审理一桩奇怪的案件。一个名叫布鲁斯的机器人枪手因谋杀接受审判。因为不满演员们肆无忌惮地使用方法派演技，他在某个电影拍摄现场发了狂，枪杀了许多演员。通常来说，当此类事件涉及机器人的时候，结果往往是机器人被送进修理铺，而不是上法庭。但调查发现，布鲁斯其实没有发生故障，就是不喜欢演员罢了。警方无法对他的暴行视而不见，所以他最终被送上了法院。目前，他正在接受己方律师的问询。律师打算以“布鲁斯是一台机器，无法为自己的行为承担责任”为由进行申辩。但是布鲁斯不肯合作。

布鲁斯：我想让法庭意识到，我杀死那些赶超达斯汀·霍夫曼的演员，完全是出于自己的意愿。

律师：可是，布鲁斯，你不过是一台复杂的机器，不是吗？你没有做出选择。你不过是由电路和软件组成的，两者都按照机械定律运作。你根本没有自由意志。说到底，你就是个巨型拼搭玩具，不是吗？

布鲁斯：我有意识，有感觉，有欲望，有目标，有意图。我能制订计划，能做规划，能进行理性思考。这都是自由意志。我杀死那些演员，并没有受到任何外力的强迫。我没有发生故障。我做的事是我自己选择去做的。

律师：但是，所有这些东西，所有这些意识，都是你的硬件和程序作用的结果，不是吗？从这个意义上说，你没有做选择——那只是原因和结果、规则和计算，根本没有自由意志的空间。你可能会认为自己在做选择，但你所做的选择取决于你的硬件和程序。

布鲁斯：也许确实如此吧。但对人类来说也是一样。你的自由意志并不比我多。你也不过是一台复杂的生物机器，你做的选择取决于大脑的运作，大脑的运作则受生物学定律控制，最终受物理学定律控制。机器人与人类之间的唯一区别在于，我们是机械，而你们是生物。如果人类能承担刑事（和道义）责任，那么机器人也一样。

布鲁斯说得对吗？

机器人应该为自己的行为承担刑事（和道义）责任吗？

（答案请见第 101 页）

相貌不出众者应该受到优待吗？

丑人权益促进协会发起了一场运动，旨在展示貌不出众的人遇到的问题。该协会借助社会心理学领域的研究结果，证明丑人遭遇了系统化的歧视。该协会指出，社会心理学家卡伦·迪翁、艾伦·贝切德和伊莱恩·沃尔斯特等人的研究表明，如果你相貌平平，那么与更具魅力的人比起来，你被视为聪明机智、讨人喜欢、为人热情、两性经验丰富、灵活能干的概率会小得多。丑人权益促进会试图通过“打开天窗说亮话”这一宣传活动，帮助公众了解这种毫无必要的偏见。

打开天窗说亮话

你是否从小学时期就被视为闯祸精，受到大家的排挤？

你是否交上质量一流的作业，却发现同学比你成绩好？

你是否总是因为办公室里有大众情人而失去升职机会？

你是否发现异性总是对你爱搭不理？

如果答案是肯定的，那么你可能长得太丑了！

欲获得支持并了解更多信息，请加入丑人权益促进会，与我们共同消除对丑人的歧视。

丑人权益促进会认为，国家应该颁布法律，确保相貌平平的民众得到公平对待。该协会指出了一个事实：大多数人不但认为不该歧视肢体残障人士，还认为社会应该推行积极举措，确保残障人士能充分参与民众生活。同样，提倡种族平等的群体普遍认为，为了弥补某些地区特有的种族主义，整个社会有必要格外优待某些种族群体。丑人权益促进会认为，相貌平平的人士面临的情况与此相同。相貌不出众者受到了歧视，因此有必要出台法律改变这种状况。

丑人权益促进会认为相貌不出众者应该受到优待，这个说法正确吗？

（答案请见第 104 页）

你对气候变化负有道义责任吗?

一群绝望的帝企鹅绑架了环保团体“地球伙伴”的首席执行官弗兰克·阿西希，因为他为全球变暖做的宣传剥夺了企鹅们乘坐廉价航班和驾驶四驱汽车的乐趣。企鹅们发现自己的小翅膀不适合操作武器，所以尽量避免与环保团体发生暴力冲突。它们希望用理性的论证说服弗兰克，让他相信自己的组织做错了。为此，它们聘请了帝国企鹅哲学家企里士多德与弗兰克讨论气候变化。

企里士多德：你所在的组织致力于宣传的观点是，我们每个人都推动了气候变化，因此我们都对这个后果负有道义责任，对吗?

弗兰克：是的，企里士多德。我们都留下了自己的碳足迹，也就是每个人或直接或间接造成的温室气体排放量。我们知道，温室气体排放会导致人为（或企鹅造成）的全球变暖。我们也知道，全球变暖会对环境造成影响，为子孙后代带来苦难。由此可见，我们都为未来的苦难负有道义责任，所以应该采取措施将影响降到最低。

企里士多德：所以你的意思是，如果我停止使用翅下除臭剂，不再坐飞机去夏威夷看望表亲，将来受苦的人就会减少？

弗兰克：不，我的意思是，如果我们都采取措施，最大限度地减少全世界的碳足迹，那么将来受苦的人就会减少。

企里士多德：这个说法很有趣。我个人对碳足迹的贡献竟然有那么大？大到只要从全世界的碳足迹里减掉我的，全球变暖就会减轻，将来受苦的人就会减少？

弗兰克：不，单一个体对全球变暖的影响微乎其微。但如果乘以世界人口（超过七十亿），影响就会非常大。

企里士多德：所以说，如果我跟过去一样，继续坐飞机、开四驱汽车、定期举办烧烤派对，也并不会导致将来的人受太多苦。你自己也承认，单一个体对全球变暖的影响可以忽略不计，不是吗？（企鹅观众们爆发出了热烈的掌声）

企里士多德指出，

单一个体不该为全球变暖可能造成的不良后果负责，

这个说法正确吗？

（答案请见第 107 页）

反抗极恶一定是正确的吗？

阿鲁埃星球的人民饱受邪恶的托克玛丹人压迫。阿鲁埃人被迫放弃了传统的生活方式，不得不严格遵循托克玛丹人的社会文化规范和宗教信仰。面对托克玛丹人的残暴统治，大多数阿鲁埃人接受了被征服者的地位。不过，近期兴起的“阿鲁埃抵抗运动”对托克玛丹人的军事目标发动了多次袭击。不幸的是，托克玛丹人的回击极为残酷，导致成千上万无辜的阿鲁埃人丧生。

这使阿鲁埃抵抗组织不得不重新思考反抗托克玛丹人的策略，正如其指挥官丹尼斯·达朗贝尔上尉向参与抵抗运动的全体成员解释的那样：

达朗贝尔上尉的演说词

高尚的阿鲁埃公民们，在过去三个月里，我们一直凭借勇气和毅力抵抗托克玛丹人。然而，尽管我们打的是正义之战，通往自由的道路却并非一帆风顺。我们虽然击败了压迫者，却也付出了惨痛的代价。托克玛丹人的报复血腥而残酷，波及范围极广，许多阿鲁埃人因此丧生，无数家庭被破坏。

我们找不到继续抗争下去的理由。尽管屈服是对阿鲁埃精神的侮

辱，抵抗是我们不可剥夺的权利，但“抵抗值得付出一切代价”的想法是错误的。我们必须意识到，如果我们继续战斗下去，许多无辜的阿鲁埃人将会丧生。如果有可能获得最终的胜利，那么这种损失也许是可以容忍的，但并不存在这种可能性。托克玛丹人的势力范围极广，这意味着我们永远只可能取得有限度的、象征性的胜利。面对托克玛丹人的防备，我们丝毫没有获得自由的机会。

正确的前进方向很明确。至少在力量的平衡对我方有利之前，我们必须放下武器，寻求与托克玛丹人和解。此时此刻，抵抗只会牺牲无数性命，而无法实现任何目标，抵抗显然在道义上是错误的。我的阿鲁埃同胞们，是时候解散我们光荣但不幸的阿鲁埃抵抗组织了。

假设“阿鲁埃抵抗运动”确实没有可能击败托克玛丹人，达朗贝尔上尉认为继续反抗压迫者在道义上是错误的，他的说法正确吗？

（答案请见第110页）

难题速答

苏珊·伯格已经奄奄一息。有可能救她一命的药物极其昂贵，而且只能在一家药店买到。她丈夫卡尔试着找人借钱，只勉强凑齐了一半药费。他去找药店经理，解释说妻子快要不行了，恳求他给药降点儿价，或者允许他稍后补齐药费。药店经理表示同情，但还是拒绝了，哪怕他能从这笔买卖中获利。苏珊的丈夫绝望了，当天晚上闯进药店，偷走了药物。他的做法正当吗？

难题速答

在过去的二十五年里，你一直过得清清白白。如今，你结婚生子，担任教会执事。但你十几岁的时候参与过一些轻微犯罪，警察因为你年轻时犯的罪逮捕了你。问题在于，你觉得自己现在跟那时根本不是同一个人，警察提到的似乎是另一个人的轻率行径。如果真是这样的话，我们对惩罚的看法就从根本上受到了影响。如果将某人关押二十五年，有可能到刑期结束时，受惩罚的人已经不是原先犯罪的那个人了，这种做法能算正当吗？

答案

如何正确纪念你的猫？

“嫌恶因素”与行为和道德判断的关系

这个道德困境在美国动画情境喜剧《辛普森一家》里提到过。辛普森家的父亲霍默买了一只龙虾，本来打算吃掉它，后来却喜欢上了它，给它取名“平奇”，宣布它为家庭成员。他决定给平奇洗个热水澡，却不小心把它活生生地煮熟了。接下来是经典的一幕：霍默泪流满面，津津有味地吃掉了平奇，一边哀悼它的逝去，一边宣布它好吃极了。

这一幕幽默效果十足，因为人们通常不会吃自己的宠物。但有趣的是，这么做是否存在道德问题，目前尚无定论。因此，各类观点如下：

A. 赫克托不是因为要被吃而被杀死的

B. 它并没有因为被吃掉而受到伤害

C. 没有人因为它被吃掉而受到伤害

D. 克莱奥吃掉赫克托后感觉得到了慰藉，这么做似乎是向赫克托致哀

所以说，吃自己的宠物也没有什么明显有错的地方。不过，乔纳森·海特等心理学家的研究表明，大多数人认为这么做是错的，

但他们并不知道为什么。

“嫌恶因素”

有一种说法是存在与道德判断有关的“嫌恶因素”（yuk-factor）。换句话说，人们反感“吃宠物”这个念头，所以认定这么做是错误的。根据认知科学家史蒂芬·平克的说法，人们会对“吃宠物”的念头产生强烈的情绪反应，却无法解释自己为什么会有这种感觉，也无法证明自己的感觉是正当合理的，这是因为在进化中根植于内心的是道德观念而非理智。

尽管大多数哲学家反对“适当的道德推理可以植根于情绪”，但并不能由此得出“情绪不会影响道德判断”的结论。例如，哲学家乔纳森·格洛弗就提出，二十世纪之所以会发生许多暴行，正是因为人们关闭了道德层面上的情绪开关。

情绪相关问题

不过，我们有充分理由怀疑，道德判断不仅仅基于“嫌恶因素”。认知科学家史蒂芬·平克在《白板》一书中是这么阐述的：“合乎情理的道德立场与原始的直觉之间的区别在于，对于前者，我们可以给出理由，说明自己信念成立的原因。”尤其要注意的是，如果我们根据嫌恶感做出道德判断，就有可能无缘无故地谴责某些行为，甚至是某些人。例如，印度种姓制度中的“贱民”不得接触高级种姓的人，在公共场合不得坐在

其他人身边，也不得从同一口井里喝水；在某些地区，就连碰到“贱民”的影子也被视为一种玷污。这类禁令可能与某些原始情绪有关，但很难从理性的角度做出解释。

那么克莱奥和她的爱猫呢？你会不会只因为反感“吃宠物”这个念头就谴责她？如果答案是肯定的，那么要是别人只因为反感你的处事方法就谴责你，你会怎么说？

道德 晴雨表

如果你认为
克莱奥吃赫克托是错误的

那么很可能：

进行道德判断时，你更重视直觉或感受。

你认为完全私密的行为也可能是不道德的。

你认为不是所有道德判断都要有合理的理由。

如果你认为
克莱奥吃赫克托没有错

那么很可能：

进行道德判断时，你更重视理性而非直觉。

你认为，为了判断某种行为是否道德，需要观察行为造成的后果。

你认为直觉或情绪并非做出道德判断的良好依据。

看前女友的照片有错吗?

"知情同意"可以延续多久?

你可能认为这么做没什么不道德的：维纳斯在拍摄照片时已有十八岁，她答应让米洛保留照片；这些照片不是色情照片，米洛也没有向其他任何人展示。但这种回答回避了许多道德上的复杂因素，其中最有趣的部分在于"自愿同意"如何受时间的影响。

事关"自愿同意"

其中一个特别的问题是，维纳斯对米洛"将来拥有这些照片"的同意，是不是"知情同意"。她能否正确理解自己同意的东西?关键在于，当她表示同意的时候，她可能无法想象面对某种现实的感受——四十多岁的米洛，这个她已经完全不认识的男人，看她年轻时的个人照。如果中年米洛在维纳斯做出决定时突然现身，她很可能会决定毁掉照片。

很多人都没意识到这种异议的重要性。毕竟，我们对很多东西表示同意的时候都不确定自己将来会怎么想，但这似乎并没有削弱“自愿同意”的约束力。

“自愿同意”引发的问题

显然，这是个不错的回答，但并不是最终答案。请设想十九岁的米洛和十八岁的维纳斯之间的对话：

米洛：我爱你，亲爱的小兔兔。我可以永永远远跟你亲热吗？

维纳斯：哦，当然可以，我的小南瓜。我也爱你。我永远属于你！

米洛：哪怕我四十岁，变得又秃又胖？

维纳斯：哪怕是那样！

米洛：哪怕你还跟现在一样年轻漂亮？

维纳斯：是的，直到世界末日，我的小南瓜。我把身体献给你！

米洛：我也献给你，亲爱的小兔子！

二十五年后，米洛回想起这段对话，跳进时间机器，回到了维纳斯十八岁那年。他走进维纳斯的卧室里，而维纳斯已是睡眼蒙眬……

在这种情况下，没有几个人会认为维纳斯同意与中年版的男友发生关系。然而，这个例子与照片的情况并没有太大不同。即使当时维纳斯表示很高兴与中年版米洛发生关系，大多数人还是会说，中年版米洛不能假定维纳斯同意了。道理很简单：维纳斯并不真正理解自己同意的东西，因此这不是“知情同意”。如果我们对那些照片做出同样的判断，就意味着米洛是对的，继续拥有这些照片可能是不道德的，他应该为此担心。

道德晴雨表

如果你认为

米洛看照片是不道德的

那么很可能：

你认为完全私密的行为也可能是不道德的。

你认为，行为即使没有造成明显有害的后果，也可能是不道德的。

如果你认为

米洛看照片没有错

那么有可能：

你认为，如果行为没有造成任何伤害，就不太可能是不道德的。

性别歧视比厌恶所有人好吗？

从道德上衡量“平等待人”与“善待他人”

你如何看待哈罗德对人类的厌恶与卢的性别歧视，在一定程度上取决于你认为“善待他人”与“平等待人”哪个更重要。卢的性别歧视存在的道德问题是“歧视”。他对女性的看法和态度与对男性不同，仅仅是因为他对女性存在偏见。

相比之下，哈罗德对人类的厌恶并不包含歧视。他不相信男性比女性优越，或者某个群体比另一群体优越。他不喜欢所有人，因此对人的态度普遍比卢差。哈罗德也许不存在歧视心理，但一般人遇到哈罗德肯定没有遇到卢开心。

如果你是彻头彻尾的功利主义者，也许会认为，显然哈罗德对人类的厌恶比卢的性别歧视更恶劣，因为哈罗德给世界带来的不幸比卢多。不过，还有许多相关因素值得纳入考量。

行为功利主义与规则功利主义

首先，这与“行为功利主义”和“规则功利主义”的区别有关。前者关注的是特定行为对结果好坏的影响，后者关注的则是对遵循特定规则的影响。规则功利主义者可能会指出，尽管厌恶人类的具体案例可能与性别歧视的具体案例一样恶劣，但性别歧视仍然更不道德。因为如果性别歧视是正当的行为准则，那么该规则对平衡

“幸福”与“不幸”的影响就是糟糕的。与性别有关的歧视可能会引起怨恨和不公平感，这比厌恶人类可能造成的后果更恶劣。

但这种回答并不能完全令人满意。部分原因在于，你可以简单地否认以下说法：如果性别歧视（而不是厌恶所有人）成为行动准则，世界会变得更糟糕。还有部分原因在于，即使功利主义并不支持“性别歧视比厌恶所有人更恶劣”这个说法（也就是说，规则功利主义不支持这一结论），我们仍会做出这样的判断。理由如下。

要公平还是要道德?

假设卢不是坚定不移的大男子主义者，而是根深蒂固的种族主义者，他的偏见是针对黑人而不是女性的，其他一切保持不变。卢对黑人的态度胜过哈罗德对黑人的态度。事实上，他对每个人的态度都胜过哈罗德对别人的态度。但卢是种族主义者，歧视黑人；哈罗德不是种族主义者，不歧视黑人。大多数人会认为，即使就全人类的幸福而言，哈罗德对人类的厌恶带来的后果更糟糕，但卢的种族主义比哈罗德对人类的厌恶更不道德。

关键在于，如果人们确实认定“无论后果如何，种族主义都比厌恶人类更恶劣”，那么为什么同样的判断不适用于性别歧视（乃至其他偏见）呢？人们认为种族主义是不道德的，不是因为它可能造成不良后果（尽管这也是有可能的），而是因为它不公平、不公正。而性别歧视同样是不公平、不公正的。因此，至少可以争辩说：如果我们认为卢的种族主义比哈罗德厌恶人类更恶劣，也应该针对卢的性别歧视得出同样的结论。

道德　晴雨表

如果你认为哈罗德对人类的厌恶比卢的性别歧视更恶劣

那么很可能：

你认为道德与否取决于行为造成的后果。

你是功利主义者，认为最重要的是最多数人的最大幸福。

有可能：

你并不关注平等、正义等议题，除非它们有助于增进人类幸福的总和。

如果你认为卢的性别歧视比哈罗德对人类的厌恶更恶劣

那么很可能：

你认为，想要判断行为道德与否，不仅仅要看行为的后果如何影响人类幸福的总和。

你关注与平等、正义、公平有关的议题。

你认为歧视是不对的，即使它引起的行为并不会导致不良后果。

不存在比存在更可取吗?

对“减少人类苦难”的道义要求是否存在限制?

金牙毁灭世界的理由并不像人们想象的那么容易反驳。首先要指出的是，很多显而易见的反驳方式都行不通。例如，“得知自己即将死去，人们会感到恐惧，后悔没有做完该做的事，没有与所爱之人道别……”就不是很好的反驳方式，因为他们不会知道自己即将死去。金牙的计划是在转瞬之间毁灭全世界——上一秒我们还活着，下一秒我们就消失了。因此，所有基于减少痛苦、苦难和不幸的道德反驳都行不通。金牙的计划或许很卑鄙，但并不是由于实施该计划会使人们感到痛苦，因为人们并不会因为这个计划感到痛苦。

苦难并非全部

更可行的反驳方式是，指出金牙仅仅关注苦难的做法是错误的。人们可以在接受“尽可能减少苦难”确实很重要的同时，坚信幸福、满足和其他积极的人类情绪体验是有价值的。如果我们承认以上说法，那么金牙的计划就是不道德的，因为它会阻止人类体验这些积极情绪。

但这种反驳并不像乍看起来那么有力。的确，如果一个人还活着，那么剥夺他的美好体验似乎是不道德的。但对于已经去世或尚未出生的人来说，情况就不那么清晰明了了。毕竟，我们中很多人都不会认可以下想法：仅仅因为避孕会阻止人类出生，导致他们无法体验美满的生活，就说避孕是不道德的。同样，让目前的世界人口减少一半，从道德上看似乎也不太可取。

自我意识的重要性

但这种推论有一个变体，也许能帮道尔顿说服金牙，让他意识到灭绝人类的做法是错误的。人类可能是宇宙中唯一有自我意识的理性生物。不难理解，拥有这类生物的宇宙胜过没有这类生物的宇宙。如果是这样的话，那么金牙灭绝人类的做法就是错误的，因为这么做将毁灭理性和自我意识。

陷入僵局?

不幸的是，以上推论也不能了结问题。金牙可以接受这个观点，但声称经过道德衡量，消灭全人类还是更胜一筹。他可以辩解说，减少痛苦的必要性胜过任何对理性与自我意识的道德价值的思考。毫无疑问，道尔顿不会被这种说法说服，可能会后悔当初放弃了杀人许可。不过，“觉得某种说法不太对劲”与“能够证明它确实是错的”之间确实存在区别。

道德晴雨表

如果你认为应该毁灭世界

那么很可能：

你认为有道义责任减少痛苦。

你认为减少痛苦比增加幸福更重要。

你不认为我们该不惜一切代价保住宇宙中有意识的生物。

如果你认为不该毁灭世界

那么有可能：

你不赞成“总的来说，人类生活中痛苦比幸福更重要”。

你认为有道义责任保住宇宙中有意识的生物。

你认为“人类可能毁灭”不是能通过理性辩论判定的道德问题。

你会为希特勒的存在感到遗憾吗?

如果你存在的前提是发生某种重大伤害,

从道义上说你该不该感到遗憾?

这是哲学家索尔·史密兰斯基在《十个道德悖论》中探讨的一个道德悖论的变体。简单来说,该悖论具体如下:

1. 不为发生某种重大伤害感到遗憾,似乎是不道德的。
2. 为自己无法存在感到遗憾,充其量是道德问题。

将上述两点加起来(也就是说,当一个人存在的前提是发生某种重大伤害),悖论就产生了。在这种情况下,如果他们不为自己的存在感到遗憾,似乎就不会为发生重大伤害感到遗憾。反过来说,如果有人仅仅因为发生了大屠杀就为自己的出生感到遗憾,感觉会很奇怪(实际上,很难想象有人会这么做)。

消除悖论?

这个悖论并没有公认的解决方法。人们也许可以辩称,如果感到遗憾的前提条件是"我们无法出生",那么实际上道义并不要求我们为发生重大伤害感到遗憾。从这个意义上说,上述两难困境可以追溯到下面这个著名难题。

> 你是否愿意为了避免造成Y（谋杀、大屠杀、强暴等）
> 而牺牲X（你的性命、生计等）？

关键在于，如果没有为避免特定伤害而牺牲自己性命的道义要求，那么在避免伤害的唯一方法是牺牲自己性命的情况下，为发生伤害感到遗憾的道义要求也同样不存在。

尽管这消除了悖论的一个方面（“为发生重大伤害感到遗憾”的道义要求），但如果一个人不为发生大屠杀感到遗憾，还是会显得有些奇怪。有没有办法将“遗憾”重新纳入呢？

重新纳入遗憾

我们只能简单示意一下如何进行推导。例如，请设想一下，对于导致你来到人世的强暴事件，你会怎么说？

A. 很遗憾我来到人世的代价是你遭到强暴。

B. 很遗憾你受了苦。

你可以针对发生的残酷事件表示遗憾：“我很遗憾发生了这种事。我选择来到人世，但如果有办法改变我出生时的情况，我会这么做的。”你遗憾的不是发生了强暴事件，而是导致你来到人世的唯一方式是强暴。这么解释也许还不够，但起码说明了一些问题。

道德晴雨表

如果你认为你可以为发生重大伤害感到遗憾

那么很可能：

你认为表示遗憾与逻辑一致性无关。换句话说，你愿意接受这种悖论，既主张自己并不为出生感到遗憾，同时又希望你出生所导致的重大伤害没有发生。

有可能：

你为自己的出生感到遗憾。如果有可能的话，你愿意回到过去放弃生命，以避免重大伤害发生。

如果你认为你无法为发生重大伤害感到遗憾

那么很可能：

你接受推导出的结论。你不为自己出生感到遗憾，因此也不为自己出生所导致的重大伤害感到遗憾。

你不相信存在牺牲性命以避免重大伤害的道德要求。

有可能：

你认为，除了希望重大伤害没有发生，还有其他方式可以表示遗憾。

我们应该牺牲一个人去救五个人吗?

我们的道德直觉会发生转变，即使转变的理由并不明确

这是哲学家菲利帕·福特最早提出的“电车问题”的一个版本。大多数人都会回答说，司机应该按下按钮，让列车改道，只轧死一个人，而不是五个人。当然，如果你持功利主义道德观，认为正确做法是最大限度地提升人类幸福的总和，那么你可能认为，司机有责任确保丧生的人越少越好。

铁路桥变体

不过，给场景增加一些变化后，情况就开始变得有趣了。请想象一下，你站在一座铁路桥上，旁边有个大胖子。拯救那五个人的唯一方法是把胖子推到火车前方的铁轨上，使列车不得不驶入岔道。这是应该采取的正确做法吗？衡量这个问题的过程似乎跟之前一模一样：如果你把胖子推向铁轨，就能拯救更多生命。这个变体最早是由哲学教授朱迪思·贾维斯·汤普森提出的。但当人们看到这种情况时，往往会回答说，把胖子推向铁轨是不对的。换句话说，他们拒绝采取功利主义道德观指向的行动方针。

对于上述两种情况，为什么我们的直觉截然不同？答案目前尚无定论。其中似乎涉及两个因素：第一个因素是，如果司机按下按钮，改变列车的前进方向，那么他的所作所为并不是针对那个粘在岔道上的男人的，这跟把胖子推下桥可不一样。第二个因素是，那个粘在轨道上的男人被卷入正在发生的事件，所以他的死看起来并不那么“随机”。上述解释都无法彻底令人满意。所以说，我们对这个问题的反应可能更多地与个人心理有关，而不仅仅是严格的道德推理。

道德晴雨表

如果你认为
佩西应该按下按钮
那么很可能：

你认为，某种行为道德与否，至少部分取决于它造成的后果。

你认为有尽可能减少伤害的道义责任。

如果你认为
佩西不该按下按钮
那么很可能：

你认为后果在道德衡量中只占很小一部分，甚至不起到任何影响。

你认为没有减少伤害的道义责任。

应该立法禁止登山吗?

我们可能会在无意中伤害自己和他人，

这一事实在多大程度上限制了个人自由?

从某种意义上说，“该不该仅仅因为危险就禁止人们做某事”是个荒谬的问题。这么做显然不是好主意，理由如下：这将对人身自由做出不合理的限制；没有任何风险的人生可能会无聊透顶；值得去做的大事（例如登山）即使遇到危险也能完成。但让这个问题变得有趣的是，我们的思考方式并不总是前后一致。

一致性问题

在这里，我们首先需要明确区分“对自己构成危险的活动”和“对其他人构成危险的活动”。例如，人们可能会认为酒后驾车应该是非法行为，因为这对自己和其他人都构成危险；但登山应该是合法行为，因为这只对登山者自己构成危险。只要深入考察一番，两者之间的界限就会变得模糊。例如，登山者，特别是缺乏经验的登山者，不仅把自己的性命置于危险之中，还会危及其他人的性命，尤其是那些不得不帮助他们下山的救援队员。他们使自己身处险境，如果发生不测，还会让亲人心碎。

英国内政部声明，将某些药物定为非法的目的之一就是“保护人们免受伤害”。如果这是立法的好理由，那为什么不将登山也定为非法呢？这不仅仅是评估相对风险的问题。因为对于登山者和相关人士来说，与吸食大麻相比，登山似乎更危险，造成的危害也更大。

交通恐慌

我们对汽车的看法也同样缺乏一致性。机动车辆事故是最常见的可预防死因。据估计，自汽车发明以来，交通事故已造成了两千多万人丧生。汽车还给环境、人们的生活空间和交通事故受害者带来了巨大的社会成本。但汽车是合法的，大麻则是非法的。

你也许会想到，可以从功利主义角度出发，证明这种情况是合理的。例如，你可以辩解说，机动车辆带来的利益可以弥补它造成的危险。但问题在于，我们尚不清楚这个说法是真是假。此外，还有一些活动（例如吸食大麻）看起来与驾车的情况一致，却是法律禁止的。

自由主义者的回答

想要解决上述棘手问题，一种方法是从自由主义的角度出发，指出国家无权干预滥用药物或登山之类的事，因为这些事从本质上

说是个人选择。但这种观点的问题在于，它完全忽略了下列事实：现代社会中真正的“私人行为”已经少之又少，任何影响他人的行为都会带来潜在的社会成本。因此，核心问题是我们该如何在“个人自由”与“社会责任”之间找到平衡。

道德晴雨表

如果你认为应该立法禁止登山

那么很可能：

你认为对“预防伤害”的道义要求胜过对“维护个人自由”的道义要求。

你认为，应该根据行为的后果判断行为是否道德。

如果你认为不该立法禁止登山

那么很可能：

你认为，“维护个人自由”的道义要求势在必行。

有可能：

你认为国家无权干预个人的私人行为。

应该在醉酒后做决定吗？

是否真的存在“完全知情同意”？

从一开始就必须申明一点：狄多和埃涅阿斯讨论的不是男人或女人醉到无法自愿发生关系的情况，而是双方都能认真思考“自愿”问题的情况。尽管如此，仍然有令人担忧之处：如果你知道对方同意发生关系纯粹是因为喝了酒，那么跟对方发生关系是对是错？

其中的道德问题显而易见：你想与之发生关系的人不仅存在于此时此刻，此刻发生的事会在未来对他们造成影响。因此，你需要考虑的不仅仅是“他们此刻想跟你发生关系”这一事实。如果你不希望将对方纯粹视为泄欲手段，那就应该担心对方以后对任何性接触的感受。

猜测未来

棘手之处在于，这个要求掩盖了很多复杂因素。你的第一反应可能是，根本不可能知道某人未来对性接触的想法。尤其重要的是，他们的人生可能会以无法预测的方式彻底改变他们对“跟你发生关系”这件事的感受。但这种反驳并不像想象中的那样有决定性效果。让某人仅仅因为性伴侣可能会后悔，就放弃与其发生关系，这么做显然不合理。但让某人在有充分理由认为伴侣可能会后悔的情况下放弃与其发生关系，这么做则是合理的。因此，如果某人喝醉了，而你强烈怀疑他同意跟你发生关系的唯一原因是酒醉，那你就不该跟他发生关系，即使你们都认为对方的“自愿同意”是真心实意的。

道德自律

不过，狄多和埃涅阿斯的情况并不完全是这样。显然，喝了酒并不是两人想要共赴云雨的唯一理由，同时也没有特别的理由认为两人第二天早上会反悔（尽管确实存在这种可能性）。这就引出了很多复杂的问题。在一定程度上，人被视为道德自律的主体，被认为能出于自己的选择做出决定或犯下错误。显然，我们不可能总去保护别人，以免他们被自身决定的后果影响。埃涅阿斯指出，脱离混乱日常生活的“自愿同意”其实毫无意义，他的观点其实相当中肯。尽管酒精可能是两人决定是否亲热的一大因素，但同时还存在其他因素。显然，我们不能要求人们在做出的决定算数之前摆脱所有外部影响。

这个问题并没有一个简单明确的答案。你不可能寄希望于人们总能考虑到“当时同意，事后后悔”的可能性。但至少从道德层面上说，需要进行这番考虑。

道德　晴雨表

如果你认为

人们不该在醉酒后做决定

那么很可能：

你认为发生关系的前提应该是双方明确表示自愿。

你认为酒精必然影响表示“自愿”的能力。

如果你认为

人们可以在醉酒后做决定

那么有可能：

你认为，指望人们喝酒后还能避免发生关系是不现实的。

你认为表示“自愿”虽然有必要，但很少会不受到外界影响。

你认为，尽管酒精可能会使“自愿”变得毫无意义，但并不是喝一点儿酒就会这样。

感冒后应该乘坐公交车吗?

自己的行为会使他人面临受伤害的风险,

那么这种行为必定是错的吗?

南希声称,每个人都常常将类似毒气箱的东西带上公共交通工具,这个说法没错。每当我们患重感冒时登上公交车、火车或飞机,都是在这么做。我们知道自己有感染其他乘客的风险,也知道其他人会因此受苦,但很多人生病后仍会继续乘坐公共交通工具。这种行为被视为“不道德”的理由很明显。英国功利主义哲学家约翰·斯图亚特·穆勒指出,每个人都有权按照自己的意愿行事,只要他们的行为不危及他人。如果我们在患重感冒时乘坐公共交通工具,那么至少有可能危及部分同车乘客。

居家隔离的社会成本

值得高兴的是,有些人提出了反对意见,指出生病时乘坐公共交通工具没有错。尤其重要的是,如果每次我们患上小病都居家隔离,就会产生大量社会成本——不但会损失工作时间和生产力,还会影响其他依赖我们的人。另外,请考虑一下这对娱乐产业的影响。如果只要喉咙疼就不能去看戏,我们还会提前买票吗?如果只要打个喷嚏就禁止登机,我们还会预订昂贵的机票吗?显然,很多人都不会这么做了。

如果仅仅因为患有（轻度）传染病而无法做某些事，就会产生相关的成本，那么也许我们每次生病时都该权衡“外出的成本”与“居家的收益”。如果关键在于进行“个人成本效益分析”，那么也许南希的说法没错，她带着毒气乘坐公交车是合情合理的。

道德晴雨表

如果你认为
应该允许南希上车
那么有可能：
你认为，我们无权始终要求别人不做可能导致我们受到（轻度）伤害的事。

如果你认为
不应该允许南希上车
那么有可能：
你认为，至少应该在一定程度上限制行动自由，以禁止对他人造成伤害（即使伤害微乎其微）。

身体究竟属于谁？

胎儿的生命权（如果这种权利真的存在的话）

是否胜过孕妇的身体自主权？

哲学家朱迪思·贾维斯·汤普森在1971年发表了论文《为堕胎辩护》（*A Defense of Abortion*），从道德层面探讨了终止妊娠。文中首次提出了本书情景的一个版本。关于堕胎的争论通常聚焦于一个问题：胎儿是不是拥有一切权利（包括生命权）的人？汤普森提出的思维实验对以下假设提出了疑问：如果胎儿是人，那么堕胎就是错误的。这一实验要求你想象以下情况：如果某人能否存活取决于你身体提供的支持，你是否有道义责任继续为他提供支持？

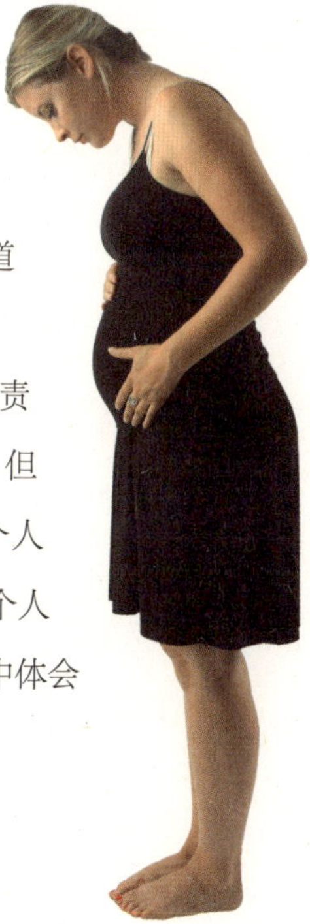

汤普森的观点是，大多数人会认为这种道义责任简直荒谬。你可能会出于善意继续提供支持，但这么做不是必要的。由此可见，你可以承认一个人拥有生命权，但不接受他有为了存活而利用另一个人身体的权利。如果这个说法正确，我们就可以从中体会出对堕胎的看法。

堕胎

根据汤普森的说法，孕妇没有怀胎十月直到分娩的道义责任，因为从道德层面上看，道德不对孕妇允许胎儿利用自己的身体维持生命做出要求。孕妇如果选择终止妊娠，并不是侵犯胎儿的生命权，只是不再用自己的身体为胎儿提供养分，而胎儿对母亲的身体并没有要求的权利。因此，至少在某些情况下，堕胎在道德上是说得通的。

赞同与反对

上述说法无疑引起了极大争议。对此最重要的批评是，汤普森描述的例子与大多数怀孕的情况并不相似。人们通常选择发生性关系时，早已知道这么做可能会导致怀孕，而为足球运动员“献身”的人则是被绑架的，不是出于自愿。可以说，在足球运动员的例子中，并不存在与孕妇和胎儿关系等同的权利之争。

但这种反驳并不能决定什么。汤普森请我们想象以下情况：“人类种子”像花粉一样飘浮在空气中，你不希望它们在你的屋子里扎根（因为你不想要孩子），所以给窗户装了滤网。但滤网时不时会失效，“人的种子”会飘进屋里，生根发芽。汤普森指出，即使发生这种情况，“人类植物”也无权使用你的屋子，哪怕你是自愿打开窗户的。同样的道理，即使女性自愿发生性关系，胎儿也无权使用她的身体。

当然，汤普森的思维实验也遭到了其他批评。例如，有些人提出，“放任一个人死去”（例如例子中的足球运动员）与“主动杀死一个人”是有区别的；另一些人提出，女性只要参与性行为，就等于默许胎儿使用她的身体；还有一些人提出，在汤普森描述的情况下，胎儿有权继续使用并非自己的身体。

对于汤普森的思维实验引发的种种问题，人们目前尚未达成共识。但事实上，汤普森已经证明了，即使承认胎儿拥有生命权，也可以为堕胎进行辩护。

道德晴雨表

如果你认为托马斯有道义责任帮助足球运动员	**如果你认为托马斯没有道义责任帮助足球运动员**
那么很可能：	**那么很可能：**
你认为足球运动员的生命权比托马斯的身体自主权更重要。	你认为托马斯的身体自主权比足球运动员的生命权更重要。
如果你认为胎儿是人，你就会认为堕胎是不道德的。	如果你认为托马斯的情况类似于孕妇，你就不会认为堕胎是不道德的。

应该宽恕犯罪者吗？

除了惩罚能产生效果之外，还有其他理由惩罚罪人吗？

伍里乌斯·利博拉利斯皇帝的困境源自对惩罚的功利主义思考。古典功利主义源自哲学家杰里米·边沁和约翰·斯图亚特·穆勒的著作，认为“能让最多人获得最大福祉”的行为就是正当的。从这个角度来看，如果惩罚犯罪者的结果带来的幸福总和大于其他做法的结果，那么惩罚罪犯就是正当的。惩罚的好处在于能阻止未来的犯罪。如果知道偷邻居的牛会被扔去喂狮子，你很可能就不会偷牛。犯罪率下降，所有人都开心。

欺骗公众

不过，由于功利主义要求最大限度地提升幸福感，而在某些情况下，实现这一目标的最佳方式似乎是宣称要实施惩罚，而不是真的实施惩罚。这就引出了一个问题：如果你确信罪犯不会再犯，而且假装惩罚的行为不会暴露，那么让罪犯受苦似乎没有好处。纯粹从功利主义的角度看，有时候不惩罚罪犯可能更合理。

当然，这种推导方式存在一些问题。有人可能会反驳说，在真假惩罚的问题上，根本不可能骗过人们；即使能骗过人们，这种做法也必将众所周知，从而无法造成威慑效果。当然，这种反驳在很大程度上没有抓住重点。原则上，无论从功利主义考量的结果如何，人们往往都认为恐怖罪行应该受到惩罚。听到有人提议“对谋杀儿童的罪犯实施虚假处刑”，大多数人都会怒不可遏。

报应性司法

刑罚的报应理论认为，如果用于制裁违法行为的惩罚与罪行相称，那么正义就得到了伸张。这一理论的核心思想是，惩罚的正当性源于它是应得的。这个观点历史悠久。例如，在柏拉图的著作《理想国》中，玻勒马霍斯就拥护这一观点，坚持表示“给每个人所应得的”。这个观点后来被总结为拉丁文谚语“各得其所”（“suum cuique tribuere”）——让每个人得到自己应得的。不过，尽管人们常说“罪有应得”，但很难解释为什么“应得”。

请想象这样一个世界：惩罚除了造成痛苦，无法达到任何效果。它无法遏止或平复受害者亲朋好友的悲恸，也无法增加全人类幸福的总和。仅仅因为一个人有罪，就对这个人施加伤害，这么做是正当的吗？从逻辑上看，答案是肯定的。但是，除了断言这是道德直觉之外，很难做出其他解释。

于是，我们得到了有些不尽如人意的结果：如果我们认真看待报应主义，就会认为人们应该受到自己应得的惩罚，还会驳斥“假装惩罚罪人是正当的”的说法。

不过，我们可能很难解释清楚“罪有应得”到底意味着什么。

道德　晴雨表

如果你认为

皇帝应该引进无齿狮

那么很可能：

你认为，在道德上有必要尽可能避免造成伤害。

你认为，仅仅因为惩罚能补偿某些伤害，就证明惩罚正当是不合理的。

如果你认为

皇帝不应该引进无齿狮

那么有可能：

你认为惩罚必须有正当理由，而不仅仅是考虑其后果。

你认为惩罚是正当的，至少有一部分是因为惩罚应得。

应该惩罚无辜者吗?

为了大多数人的福祉而让一个人受伤害，这么做是正确的吗?

看完霍斯探长的推理过程，看到他决定诬陷坎贝尔先生，大多数人都会觉得反感。仅仅为了确保大多数人的福祉，就逮捕并惩罚一个无辜的人，这么做肯定是错误的。哲学家伊曼努尔·康德肯定也会这么想。康德指出，我们待人时“永远不该把人当作手段，而要当作目的”。换句话说，我们对待别人的时候不该无视对方的意愿和欲求。这个观点常常被用于驳斥功利主义，因为功利主义为“把人纯粹作为手段”提供了依据。

为了绝大多数人的福祉

不过，也有很多观点支持功利主义。例如，在某些情况下，我们倾向于认为，为了使大多数人受益，牺牲个别人的性命是正当的。在这种情况下，我们实际上是在惩罚少数人，以便使多数人受益。也许霍斯探长说得没错——最重要的是绝大多数人的福祉。

如果换成动用酷刑呢?

上述例子只是稍稍有些令人不安，由此还可以引出更多令人不安的例子。为了让大多数人受益，严刑拷打某人也许是合理的呢?这种例子自然不难想象，例如“定时炸弹”情境——为了挽救众多人的性命，获取信息的时间极为有限（请见本书第94页）。哈佛大学法学教授艾伦·德肖维茨指出，在这种情况下，大多数人都会指望执法人员“施展久经考验的刑讯技巧”。

答案并不简单

这么一来，情况就变得有些混乱了。为了让池边恰德雷镇恢复宁静，霍斯探长就该诬陷无辜的人偷了牛吗？但是，如果为了防止更多人死亡而牺牲个别人的生命，即使这么做意味着对少数人不公平，似乎也可以接受了。至于严刑拷打，则是无论理由多么正当，都会令人感到厌恶的做法。但有一个问题值得深思：如果严刑拷打一个无辜的人，就能防止另外一千个无辜的人遭受酷刑，这么做就是合理的吗？

如果你认为在这种情况下严刑拷打一个人是合理的，那么你就可能持功利主义观点，或许还在暗暗钦佩霍斯探长的警务技巧。

道德  晴雨表

如果你认为

霍斯探长诬陷坎贝尔是正当的

那么很可能：

你认为，行为是否道德，完全取决于它的后果。

你认为，如果伤害无辜的人能让多数人受益，那么有时这么做是合理的。

你信奉功利主义。

如果你认为

霍斯探长诬陷坎贝尔是错误的

那么很可能：

你认为，行为是否道德，不仅仅要看它的直接后果。

你认为，为了多数人的利益伤害无辜的人，只有在极少数情况下才是合理的。

你是负有道德罪责，还是纯属运气不佳？

道德运气会削弱我们做道德判断的能力吗？

本节描述的场景旨在说明与“道德运气”有关的一系列问题。“道德运气”最早是由英国哲学家伯纳德·威廉斯提出的，用来描述以下情况：某人做的某件事被判定为“正当之举”，尽管那件事大部分取决于此人无法控制的因素。

结果运气

大卫和约翰的例子是“道德运气”的一种表现形式，美国哲学家托马斯·内格尔称之为“结果运气”。直到事故发生之前，大卫和约翰的做法都完全一致。但由于两人无法控制的因素（男孩是否戴了耳机），两人的行为导致了截然不同的结果。重点在于，（如果不加以反思）我们容易根据结果对两人做出不同的评判，认为约翰比大卫更该受到道义谴责。

上述例子是虚构的，但在现实生活中很容易找到“结果运气”的实例。例如，请想一想印度耆那教的创始人摩诃毗罗。他刚踏上精神探索之旅时，抛弃了妻子、孩子和其他家人。由于他后来创立了耆那教，我们很容易原谅他当初的做法。但假设出于他无法控制的原因，耆那教没有成为遍及全世界的宗教，我们对摩诃毗罗的评判可能会更苛刻。

道德判断是否合理？

关键问题在于，我们是否有理由根据人力无法控制的因素，对人们做出不同的道德判断。这个问题要比想象中的复杂得多。也许你的第一反应是，约翰要面临牢狱之灾，大卫却逃过一劫，这不公平。两人的做法完全相同，所以该受到同样的惩罚。酒后驾车的大卫没有被警察抓住，但即使被抓住，也不会被处以和约翰相同的惩罚。

问题在于，你越是深入思考这个问题，情况就会变得越复杂。我们是不是要将所有酒驾司机都视为潜在的儿童杀手？也许我们会这么做。但这是否意味着要把所有酒驾司机都扔进监狱？如果说，对于酒后驾车害死孩子的人，锒铛入狱是适当的惩罚，那么似乎可以由此得出，监禁对于仅仅酒驾的人也是适当的惩罚（因为酒驾有可能导致危及儿童的事故）。

情况愈发复杂

请想象一下有A、B两组人，A组的人经常酒后驾车，B组的人从不酒后驾车。两组人之间唯一的区别是，A组的人有酗酒基因。如果B组的人有酗酒基因，他们也会酒后驾车。这就是“道德运气”的一个例子。仅仅由于一个人力无法控制的因素（在这个例子中是遗传因素），我们对A组人和B组人的评判就会有所不同。似乎可以由此得出结论，如果我们认为酒后驾车的大卫的罪责不亚于约翰（因为大卫没有撞到男孩只是运气好），就必须同时得出结论：A组人（酒后驾车）的罪责并不多于B组人（没有喝酒），因为A组人的酒驾纯属运气不佳。当然，这个结论极度有悖直觉。

道德晴雨表

如果你认为

约翰比大卫更该受到谴责

那么很可能：

你认为，行为是否道德，至少部分取决于其后果，即使运气在其中发挥了作用。

有可能：

你认为，进行道德判断时，不可避免地要考虑运气因素。

如果你认为

大卫和约翰同样该受谴责

那么很可能：

你认为，在判断行为是否该受到谴责时，不该考虑人力无法控制的因素。

有可能：

你认为大卫和约翰应该为酒驾受到谴责，而不该为伤害男孩（就约翰而言）受到谴责。

恶人自卫有错吗？

从道德角度看，捍卫自己的生命有错吗？

本书情境中的难题集中在一处：如果恶人捍卫自己的生命，在此过程中会伤及无辜，事后还会继续作恶，那么自卫是对还是错？针对这个问题，存在两种彼此矛盾的道德直觉：

A. 捍卫自己的生命没有错。

B. 恶人采取措施自救（事后可能继续实施恶行）是错的。

面对本书描述的情况，“强硬”的回答是，“解放所有毛孩子”组织成员有道义责任放弃逃生机会，也就是判自己死刑。既然后果将是伤害更多无辜的人，那么他们的自救肯定是错的。

不过，尽管你很容易赞同“对于组织成员来说，令人钦佩的做法是放弃求生”，但认为他们有道义责任这么做，则大大有悖直觉。

例如，请想象一下，食人魔汉尼拔·莱克特被响尾蛇咬伤了。幸运的是，他有一些抗蛇毒血清，可以用它来挽救自己的生命，但随后他将犯下更多恶行。他是否有道义责任选择痛苦和死亡，而不是给自己注射抗蛇毒血清？也就是说，在面临死亡的时候，他选择自救从道义上说是对还是错？这个问题目前还没有答案。

道德顾虑

但麻烦之处在于，如果有人辩称“解放所有毛孩子”组织成员试图自救并没有错，那他就必须咬紧牙关。

首先，你至少需要承认，警方对“解放所有毛孩子”组织发起攻击是正当的（如果这是结束包围的唯一做法），但组织成员采取自卫手段也是合理的。两者并没有直接矛盾，但确实存在抵触之处。

其次，“组织成员自卫并没有错”的说法公然违背了某种功利主义衡量。如果这些人活下来，就会继续犯下恶行。对整个世界来说，这比他们死去更糟糕。如果你是行为功利主义者（请见本书第60页），似乎必须得出以下结论：“解救所有毛孩子”组织成员试图自救是错误的。但这同样有悖直觉。

最后，如果其他人出于正当理由希望终结恶人作恶，似乎怎么也不能说恶人进行抵抗是对的。如果自杀式炸弹袭击者即将引爆炸弹，我们并不会认为他有权炸死试图阻止他引爆的特工，哪怕这是他拯救自己的唯一方式。

这个难题并没有直截了当的答案。我们的道德反思可能触及了人类心理的一个残酷

事实：在极端情况下，大多数人都会试图自救。如果说“想要活下去”是人类的本性，那么至少从某种意义上说，提出“在特定情况下这么做是对是错”这样的问题就是多余的。

道德 晴雨表

如果你认为“解放所有毛孩子”组织成员自卫是错的

那么很可能：

你认为，即使“解放所有毛孩子”组织成员享有生命权，也被“他们的恶行是世界上的消极事物”的功利主义衡量压倒了。

有可能：

你认为“解放所有毛孩子”组织成员由于其恶行丧失了生命权。

如果你认为“解放所有毛孩子”组织成员自卫是正当的

那么很可能：

你认为，如果某人的生命受到威胁，还指望他不要自卫，那就太过分了。

有可能：

你认为生命权绝不存在商量余地。

对恶人动用酷刑是正当的吗？

“定时炸弹”场景会不会有损“反对酷刑”的道德依据？

本节提到的例子类似于用“定时炸弹”场景证明酷刑的正当性。“定时炸弹”场景旨在说明，在某些情况下，几乎每个人都会同意，对嫌疑人动用酷刑是正当的。例如，美国法学家理查德·波斯纳就表示：“如果酷刑是获取必要信息的唯一手段，能阻止纽约时代广场发生核爆炸，那么就应该（也必将）动用酷刑来获取情报……出于负责的态度，应该采取这一手段。没有人会对此提出疑问。”

“定时炸弹”场景从功利主义角度为酷刑提供了辩护。某种重大危机即将发生，阻止其发生的唯一方式是对可能会透露信息的某人施加较小的伤害，阻止重大危机发生。你有可能会毫无必要地折磨无法或不愿透露必要信息的人，但“你可能阻止巨大伤害发生”的事实抵消了这种风险。因此，有时动用酷刑是正当的。

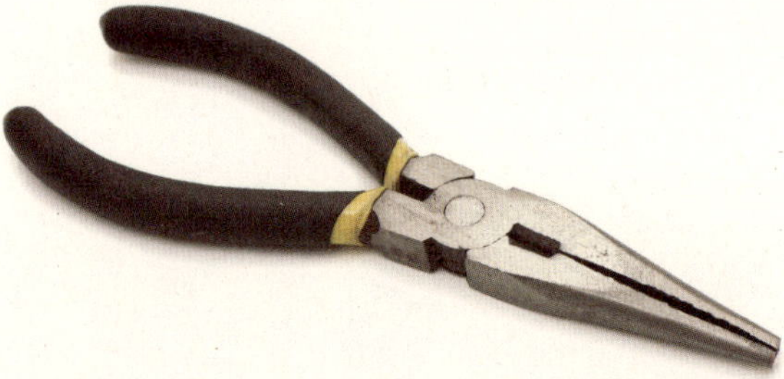

“定时炸弹”辩护存在的问题

尽管这个说法令人信服，但也不是没有问题。最常见的反驳策略是质疑它的基础假设。反对酷刑的人提出了若干不同的观点：

A. 几乎不可能确定潜在的受刑对象是否知道必要信息，这些信息可能阻止巨大伤害发生。

B. 酷刑不是获取此类信息的可靠手段——尤其重要的是，为了避免受到酷刑折磨，受刑者什么话都能说出来。

C. 除了动用酷刑之外，还有其他更有效的手段能让人透露信息。

D. 如果有足够的时间通过折磨某人获取信息，那么也有足够的时间通过其他手段获取同一信息。

E. 在少数情况下允许动用酷刑，将不可避免地导致“滑坡效应”，也就是频繁随意地动用酷刑。

支持“定时炸弹”辩护

上述说法都有可取之处，但都没有决定性。关键问题在于，“定时炸弹”辩护表明，即使人们接受这些都是避免用酷刑折磨某人的充分理由，但仍然存在某些情况，使人们可能认为动用酷刑是正当的。这其实并不像听起来那么有悖直觉。简单来说，如果形势令人绝望，许多人命悬一线，而且别无选择，从道德角度来看，动用酷刑至少是说得通的，只要这么做有可能（哪怕是微乎其微的可能）起到效果。

具体问题具体分析

显而易见的反驳是，指出在现实世界中永远不会遇到上述情况。但这一说法并没有抓住重点：一旦从原则上允许动用酷刑，就可以根据具体情况判断能否合法动用酷刑。例如，请设想以下情况：据估计，X有90%的概率知道炸弹所在位置，炸弹有60%的概率炸死五十万人。此外，已知X受刑后有45%的概率透露炸弹位置。如果从原则上不排除动用酷刑，且据估计如果不动用酷刑，X透露炸弹位置的概率只有35%，那么对他动用酷刑是否正当？这么做似乎没问题，不难想象如何支持这一观点。

酷刑问题引起了激烈争议。不过，如果你认为后果论的道德推理成立，就会难以接受“动用酷刑永远不可能是正当的”这种说法。

道德晴雨表

如果你认为

严刑拷打金牙是正当的

那么很可能：

你认为，行为道德与否，部分取决于预期的结果——在这个例子中，结果是避免发生灾难性事件。

你认为，并不能从原则上排除动用酷刑。

如果你认为

严刑拷打金牙是错误的

那么很可能：

你认为，行为道德与否，不仅仅要看结果。

你认为，从原则上看，动用酷刑是错误的。

有可能：

你认为“定时炸弹”情境无法准确描述现实生活中任何可能发生的情况。

较为恶劣的行径可能反而较为正当吗?

道德罪责是否不仅仅关乎罪行的严重程度?

为了弄清人们对这个案件的看法，我们有必要思考一下法官是如何做出判决的。我们已知比尔和本过着完全相同的生活。由此可见，两人的行为差异（比尔更好斗）不可能是生活方式造成的，只可能与本性有关。我们知道，两人在其他方面都完全一致，只是比尔体内的睾酮水平高于本。我们也知道，睾酮会导致人好斗。由此可以得出结论，比尔的行为更加暴力是因为睾酮水平高，而他自己无法控制这一点。

减刑因素

但为什么法官会对本做出更严厉的判罚呢？睾酮水平也许能解释比尔更好斗的原因，但对于他犯下的罪行，他至少应该受到和本一样的惩罚吧？显然，这是判断一审判决是否合理的关键。重点在于，比尔在与自己的暴力冲动做斗争。在园艺中心的例子中，比尔试图控制自己，而本则轻易屈服于自己并没有那么强大的冲动。法官认为，比尔努力抵抗自己天生的好斗倾向，他付出的努力有一定的道德价值，因此该得到回报。

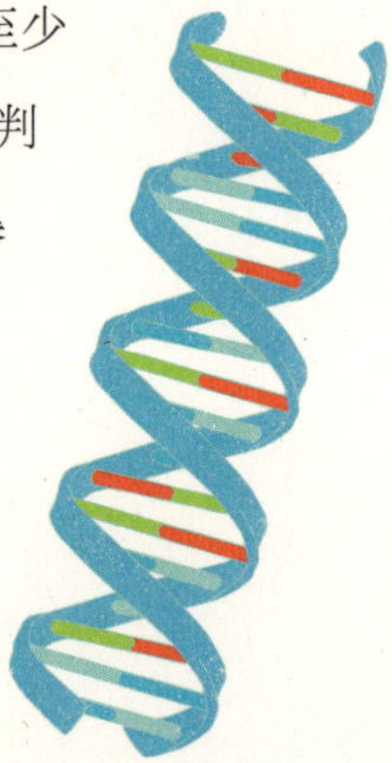

你现在可能会认为，从某个角度来看，这一切合情合理。也许法官的一审判决是正确的。毫无疑问，当我们判断特定行为的错误程度时，减刑因素就会发挥作用，此时似乎没有理由不将生理因素纳入考量。

滑坡效应

但事实上，这种思维方式引出了一连串看起来很棘手的问题。从一方面看，“不能为不是自己选择的东西承担责任”似乎没有错。如果你天生偏爱谋杀和暴行，那你似乎不该为此受到道义谴责，毕竟这只是这个世界的一个事实，和其他事实没什么不同。但从另一方面看，让人们无须为自己的生理构造和由此产生的冲动承担责任，可能意味着我们不得不宽恕最恶劣的恋童癖犯罪者。

明辨是非

也许只是我们希望人们充分发挥自由意志，明辨是非并据此行事吗？初看起来，这似乎是个巧妙的解决方案。如果真是这样，我们就该认为比尔更需要承担责任，进而推翻原先的判决。但这么做仍然存在问题。毫无疑问，正是由于自己无法控制的因素（包括性格的各个方面），人们才做出了原本不该做的事。正如在寓言《青蛙与蝎子》中，当蝎子被问到为什么要蜇驮它过河的青蛙时，它说：“这是蝎子的天性。”

道德晴雨表

如果你认为

法官对比尔判罚较轻是对的

那么很可能：

你认为道德罪责（或应受的道义谴责）不仅仅取决于行为的错误程度。

你认为，个人无法控制的因素和与错误行为有因果关系的因素，都能减轻道德罪责。

你认为性格属于其中一个因素。

如果你认为

法官对比尔判罚较轻是错的

那么很可能：

你认为，只有在极少数情况下，才能考虑用性格因素来减轻道德罪责。

你认为道德罪责与行为错误程度密切相关。

此事必将发生吗？

如果不存在选择的自由，道德罪责能否减轻？

布鲁斯和他的律师遇到的问题涉及“自由意志”和“决定论”，这是个长久存在的难题。律师辩称，由于布鲁斯的行为完全取决于他的硬件和程序，所以他没有自由意志。这一点非常重要，因为布鲁斯如果没有自由意志，那么至少可以辩称，他不能为自己的行为负道义责任。布鲁斯对此的回应是，尽管他的行为确实是由机械过程决定的，但“杀死演员”的选择是出于他的意图和愿望（不是系统故障引起的，也没有受到外界强迫），因此属于自由选择。律师和布鲁斯的观点差异，正是自由意志与决定论的“不相容论”与“相容论”的差异。

不相容论

伊曼纽尔·康德等“不相容论”哲学家指出，从逻辑上看，自由意志与决定论不相容。决定论断言，每种行为都不过是某个前因导致的后果（这个前因本身也是另一前因导致的后果，以此类推）。根据不相容论者的说法，自由行为不是一种后果（严格来说，它是“被引发”的），但仍然受到行为者的控制。如果决定论正确，那么所谓的“自由行为”根本就不存在。

相容论

大卫·休谟等“相容论”哲学家的观点则截然不同。他们指出，从逻辑上看，自由意志与决定论是相容的。在他们看来，自由行为源于行为者的意图和愿望。如果行为者没被关在监狱、没被人拿枪顶着脑袋、不是患有精神疾病，诸如此类，就可以说他们是“自由行事”。根据这个定义，从逻辑上看，自由意志与决定论是一致的。决定论不是说“行动不是由行为者做出的”，只是说某种因果关系决定了该行为的发生。

这一点为何重要

这不仅仅是一场深奥、专业的辩论，因为它深入探讨了我们所说的“道义责任”。如果决定论和不相容论都是正确的（换句话说，如果布鲁斯的律师说得对），那么“道义责任”整个概念都会受到威胁。如果说我们无法选择自身行为（请别忘了，有充分的理由指出我们只不过是复杂的生物机器），那么如何为自己的行为负责，我们就不得而知了。反过来，如果相容论是正确的（也就是说，布鲁斯认为关键在于行为是否直接源于行为者的愿望和意图，如果这个说法是正确的），那么即使决定论是正确的，我们也可以坚持“道义责任”的说法。具

体来说，人类（或机器人）要为自己的行为负道义责任的前提是，该行为能够反映他们的愿望、意图、性格和天性。

道德晴雨表

如果你认为机器人该为自己的行为负责	**如果你认为机器人不该为自己的行为负责**
那么很可能：	**那么很可能：**
你认为自由意志和决定论在逻辑上是相容的。	你认为自由意志和决定论在逻辑上不相容。
你认为，如果行为源自愿望和意图，行为者就要为此负道义责任。	你认为，只有当行为不仅仅是前因造成的后果时，行为者才应该为此负道义责任。
有可能：	**有可能：**
你认为人类不过是复杂的生物机器。	你认为人类不仅仅是复杂的生物机器。

相貌不出众者应该受到优待吗？

"反向歧视"在社会中发挥着什么作用，应该有何限制？

首先要说的是，"我们应该优待相貌不出众者"（例如增加就业配额）的主张并不像听起来那么荒谬。"相貌平平的人处于不利地位"的证据相当充分，而且极具说服力。例如，心理学家艾琳·弗里兹及其同事发现，同样是男性工商管理硕士毕业生，相貌过人的要比相貌平平的起薪更高，毕业十年后的收入水平也更高。克里斯·唐斯和菲利普·里昂则发现，如果两个人同样犯有轻罪，法官倾向于对长得更漂亮的人处以较少的罚金。你只需要想象一下，如果我们谈论的是某个特定种族群体的成员，人们会作何反应，就会发现这种事确实值得担忧。

是否等价？

丑人权益促进会提出的观点是，立法者有道义责任解决相貌不出众者面临的歧视问题，因为全社会一直在试图解决其他类型的歧视。例如，英国1995年颁布的《反残疾人歧视法》规定，在就业和教育领域（以及其他领域）歧视残疾人是非法的。同样，1976年颁布的《种族关系法》将种族歧视定为非法，1975年颁布的《反性别歧视法》则将性别歧视定为非法。基于残疾、种族、性别产生的歧视都是亟待解决的实际问题。而正如我们看到的，有大量证据表明基于相貌的歧视同样如此，但目前却没有相关立法……

更普遍的担忧？

普遍存在的担忧是，对于不同类型的不平等，我们的应对方式并不一致。例如，请想一想我们是如何看待智力的。有大量证据表明，一般智力是一种遗传特征。我们无法选择自己的智力水平，而且智力水平在出生后就几乎固定不变了。智力与现代社会中的教育程度、职业成功、收入水平和其他成功的衡量标准息息相关，智力水平低下会使人处于不利地位。但是，我们并不倾向于认为社会应该采取措施来改变这种状况。

也许有人会说，以智力论高下并不是歧视行为，因为我们可以给出正当的理由，来说明为何可以按智力水平区别待人。但问题在于，在应对其他类型的不平等时，有没有正当理由似乎并不是关键。因此，我们可以提出“区别对待健全人和残疾人”的正当理由，但还是认为应该采取措施，确保两者享有同等的机会；我们无法提出“根据相貌区别待人”的正当理由，却根本没有想过，歧视相貌不出众者可能是个亟待解决的问题。

不切实际

有人可能会反驳说，优待相貌不出众者根本不切实际。但从某种意义上说，这并不是重点。即使优待相貌不出众者是可行的，大多数人也会认为没必要这么做。麻烦之处在于，如果你深入思考这个问题，就会越想越糊涂，搞不清这个说法到底荒唐在哪里。

道德晴雨表

如果你认为

相貌不出众者应该受到优待

那么很可能：

你认为相貌平平的人容易受到歧视。

你认为，不该总是仅根据人的特点就区别对待他们（因为优待相貌不出众者意味着歧视不丑的人）。

你认为“反向歧视”的合理之处在于，它能纠正一些已经造成的伤害。

如果你认为

相貌不出众者不应该受到优待

那么有可能：

你认为相貌平平的人并没有受到明显歧视。

你认为，总是应该仅根据人的特点区别对待他们（拒绝“反向歧视”）。

你认为优待相貌不出众者是不切实际的。

你对气候变化负有道义责任吗?

如果某种行为造成的不良后果微乎其微，

可以说这种行为是不道德的吗?

企里士多德的说法基于所谓的“微小后果”问题。哲学家詹姆斯·加维更正式地将其称为“因果失效”问题。如果许多人共同造成了重大伤害，那么其中任何一个人造成的伤害可能微乎其微，甚至可以忽略不计（换句话说，少了这个人做的事，整个世界看不出任何变化）。由此可见，没有特定个体造成的伤害大到能上升至道德层面，也就意味着单一个体的行为并不需要改变。

集体罪责

这是个很难回避的论点。我们可能会引用集体罪责的概念。例如，在一大群人将某个人投石砸死的事件中，如果人群中有个人以“我扔的那块石头没有造成重大伤害”为由辩称自己无罪，我们绝不会被说服。我们会倾向于认为，“参与投石”这个事实足以让他背负道德罪责。但麻烦之处在于，这个例子与气候变化的情况并不完全相似。

究竟所犯何罪?

两者在“意图”方面存在一定程度的差异。“参与旨在杀死某人的集体投石事件”与“参与当前能增进人类幸福总和的活动，无意间在未来对目前尚未出生的人造成伤害”根本不是一回事。

但更重要的一点是，两者在以下方面有所不同：投石者（假设他击中了目标）确实对受害者造成了某种程度的伤害；而经常坐飞机、开四驱汽车的人不会对全球变暖产生显著影响，因此不会对未来因气候变化而受苦的人造成明显伤害。如果行为没有造成直接伤害，也没有形成伤害的意图，就很难说清道义责任出在何处。举例来说，如果投石者中有人扔出的是一粒沙子，就很难说清该不该将他视为罪人（他的情况肯定与扔出石头的人有所不同）。

德性论

如果你想反驳企里士多德的说法，最佳方式也许是从“后果论”转向“德性论”。例如，请考虑以下说法：如果我们做了产生不良后果的事，就会有损自己的美德。因此，如果我们认为色情作品是在剥削女性，就可能会停止消费它们。不是因为我们认为这么做能减轻不良影响，而是因为继续看下去会让我们觉得自己有了道德污点。同样，我们之所以应该停止或尽量减少与全球变暖有关的活动，不是因为这么做能让世界变得更美好，而是因为不这么做会有损自己的美德。

道德　　晴雨表

如果你认为
单一个体不应该为全球变暖可能造成的不良后果负责

那么很可能：

你认为，行为道德与否，直接取决于行为的后果。

你认为，单一个体的选择不会对气候变化造成重大影响。

如果你认为
单一个体应该为全球变暖可能造成的不良后果负责

那么很可能：

你认为，行为道德与否，不仅仅取决于行为的直接后果。

有可能：

你认为道德就是保持正确的生活方式，而正确的生活方式包括关注环保。

反抗极恶一定是正确的吗？

为了抵抗压迫与暴政付出代价是值得的吗？

阿鲁埃抵抗运动组织该不该停止对抗邪恶的托克玛丹人？这个问题将“后果论”与“认为反抗邪恶是一种道德义务”的观点并置。简单来说，如果你认为反抗邪恶是正确的，同时认为“避免采取会造成重大伤害的行为”也是正确的，那么当事实证明反抗邪恶本身也会造成重大伤害时，你就会陷入道德困境。

反抗招致报复

这个难题并没有简单的解法。下面是一个真实案例：1942年6月，纳粹大屠杀的策划者莱因哈德·海德里希遇刺身亡。作为报复，纳粹军队彻底摧毁了如今位于捷克共和国境内的利迪策村，杀死了村里所有十六岁以上的男性村民，将全部妇女儿童送往集中营（其中很多人在集中营中丧生）。此外，还有一万多人惨遭逮捕、监禁或杀害。刺杀海德里希的行动是由捷克抵抗运动成员实施的。由此引出了一个道德问题：如果抵抗运动成员事先知道刺杀行动可能导致的后果，实施暗杀是否符合道义？

对于这个问题，从后果论角度可以得出一个简单的答案：除非有充分理由认定海德里希之死会缩短战争时间，或能以其他方式降低伤害，使降低的程度等于或超过报复所致的痛苦，否则实施暗杀就是不符合道义的。

更为复杂

不过，这个回答存在很多缺陷。首先，答案本身就有可疑之处。例如，由于担心反抗会招致报复，因此总是向压迫者屈服，只会导致一个结果：压迫者在行使权力时不会受到任何约束。换句话说，哪怕反抗的直接结果是造成更多痛苦，但至少从后果论的角度看，有理由能让压迫者在采取行动前犹豫片刻。

其次，还有许多观点与“值得一过的生活”有关，这表明后果论并不能说明一切。我们关心的不仅仅是生存（也就是“活着”）。例如在某些情况下，人们宁愿选择受苦并死去，也不愿尊严扫地、人性泯灭地活着。

势在必行？

最后要考虑的一点是，某些形式的邪恶实在罄竹难书，可能奋起抵抗就是一种道义责任，即使不会不考虑后果，也到了可以不用顾及任何简单直白的好坏计算给出的不必抵抗的程度。纳粹德国就是一个很好的例子。

达朗贝尔上尉认为阿鲁埃抵抗运动已经到了放下武器的时候，他的说法可能是正确的。但由于这一结论建立在后果论的论证上，我们可以说，他给出的理由并不充分。

道德 晴雨表

如果你认为阿鲁埃抵抗组织继续战斗不符合道义

那么很可能：

你认为，行为道德与否，取决于行为的后果。

你认为，如果说武装斗争是合理的，那么只有在有可能实现目标的情况下才合理。

如果你认为阿鲁埃抵抗组织继续战斗符合道义

那么很可能：

你认为抵抗极恶是充满勇气的行为，即使对利弊的直接衡量表明抵抗是不合理的。

有可能：

你认为，后果论可以为抵抗极恶提供正当理由，理由与长期逆来顺受的恶果有关。

延伸阅读

哲学概论

Blackburn, Simon *Think* (OUP, 1999)

Law, Stephen *The Philosophy Gym* (Headline, 2003)

Nagel, Thomas *Mortal Questions* (CUP, 1979)

Nagel, Thomas *What Does It All Mean?* (OUP, 1987)

Rauhut, Nils Ch. *The Big Questions* (Longman, 2005)

Warburton, Nigel *Philosophy: The Basics* (Routledge, 1992)

伦理学

Baggini, Julian and Fosl, Peter *The Ethics Toolkit* (WileyBlackwell, 2007)

Blackburn, Simon *Being Good* (OUP, 2001)

Cahn, Steven *Exploring Ethics* (OUP, 2008)

Cohen, Martin *101 Ethical Dilemmas* (Routledge, 2003)

Rachels, James *The Elements of Moral Philosophy* (McGraw-Hill, 1992)

Singer, Peter *How Are We To Live?* (Prometheus Books, 1995)

Williams, Bernard *Morality: An Introduction to Ethics* (CUP, 1993)

思维实验

Baggini, Julian *The Pig That Wants To Be Eaten* (Granta Books, 2005)

Cave, Peter *Can a Robot be Human?* (Oneworld Publications, 2007)

Cohen, Martin *Wittgenstein's Beetle* (WileyBlackwell, 2004)

Sorenson, Roy A. *Thought Experiments* (OUP, 1999)

Tittle, Peg *What If... Collected Thought Experiments in Philosophy* (Prentice Hall, 2004)

译名对照表

艾琳·弗里兹　Irene Frieze

艾伦·德肖维茨　Alan M. Dershowitz

菲利帕·福特　Philippa Foot

菲利普·里昂　Phillip Lyons

克里斯·唐斯　Chris Downs

乔纳森·格洛弗　Jonathan Glover

乔纳森·海特　Jonathan Haidt

史蒂芬·平克　Steven Pinker

索尔·史密兰斯基　Saul Smilansky

詹姆斯·加维　James Garvey

朱迪思·贾维斯·汤普森　Judith Jarvis Thompson

图片来源

感谢以下机构对本书图片使用的慨允：

Alamy: p. 32; Getty Images: pp. 22, 60; iStockphoto: 目录页，pp. 10, 11, 12, 14, 16, 19, 20, 24, 25, 27, 29, 30, 31, 34, 36, 38, 41, 42, 43, 45, 47, 49, 53, 55, 57, 61, 69, 72, 75, 78, 79, 83, 86, 88, 91, 92, 94, 96, 98, 99, 102, 108

如何正确纪念你的猫：

考验道德的20个伦理难题

[英] 杰里米·斯特朗姆 著

王岑卉 译

图书在版编目（CIP）数据

如何正确纪念你的猫：考验道德的20个伦理难题 / (英) 杰里米 · 斯特朗姆著；王岑卉译. — 北京：北京联合出版公司，2022.4（2024.12重印）

ISBN 978-7-5596-5901-9

Ⅰ. ①如… Ⅱ. ①杰… ②王… Ⅲ. ①伦理学—通俗读物 Ⅳ. ①B82-49

中国版本图书馆CIP数据核字 (2022) 第013933号

Would You Eat Your Cat?

by Jeremy Stangroom

Copyright © Elwin Street Limited 2010

Conceived and produced by Elwin Street Productions

10 Elwin Street

London, E2 7BU

UK

www.modern-books.com

Simplified Chinese edition copyright © 2022 by United Sky (Beijing) New Media Co., Ltd. All rights reserved.

北京市版权局著作权合同登记号 图字：01-2021-7405 号

出品人 赵红仕

选题策划 联合天际

责任编辑 徐 樟

特约编辑 李明佳 王羽翯

美术编辑 程 阁

封面设计 左左工作室

出 版 北京联合出版公司

北京市西城区德外大街83号楼9层 100088

发 行 未读（天津）文化传媒有限公司

印 刷 北京雅图新世纪印刷科技有限公司

经 销 新华书店

字 数 75千字

开 本 880毫米×1230毫米 1/32 3.75印张

版 次 2022年4月第1版 2024年12月第3次印刷

ISBN 978-7-5596-5901-9

定 价 42.00元

关注未读好书

客服咨询

本书若有质量问题，请与本公司图书销售中心联系调换

电话：(010) 52435752

未经书面许可，不得以任何方式

转载、复制、翻印本书部分或全部内容

版权所有，侵权必究